民用飞机货舱细水雾灭火
关键技术与实验验证

贺元骅 张辉 刘全义 杨锐 安凤林 编著

U0187526

清华大学出版社
北京

内 容 简 介

本书基于机载细水雾灭火系统的工程技术需求,主要介绍了民用飞机货舱细水雾灭火技术和发展的概貌,以及相关研究成果。主要内容包括:机载细水雾研究进展,飞行中机舱变压环境对火行为的影响研究,兼容机载系统的细水雾产生方法,机舱环境内细水雾雾场特性,低气压和变动气压环境下细水雾灭火机理,以及全尺寸货舱的抑灭火实验验证研究等。

本书可以作为飞机设计人员、机载防火技术研究人员的参考书籍,也可以作为安全科学与工程、飞机设计相关学科的研究生和消防工程及安全工程专业高年级本科生的教学参考用书。

图书在版编目(CIP)数据

民用飞机货舱细水雾灭火关键技术与实验验证/贺元骅等编著.—北京:清华大学出版社,2024.3
ISBN 978-7-302-64427-9

Ⅰ.①民…　Ⅱ.①贺…　Ⅲ.①民用飞机－货舱－水雾－灭火－研究　Ⅳ.①V271.3

中国国家版本馆 CIP 数据核字(2023)第 153332 号

责任编辑:王　欣　赵从棉
封面设计:常雪影
责任校对:薄军霞
责任印制:丛怀宇

出版发行:清华大学出版社
　　　　　网　　　址:https://www.tup.com.cn,https://www.wqxuetang.com
　　　　　地　　　址:北京清华大学学研大厦 A 座　　　邮　　编:100084
　　　　　社 总 机:010-83470000　　　　　　　　　　邮　　购:010-62786544
　　　　　投稿与读者服务:010-62776969,c-service@tup.tsinghua.edu.cn
　　　　　质量反馈:010-62772015,zhiliang@tup.tsinghua.edu.cn
印 装 者:三河市龙大印装有限公司
经　　销:全国新华书店
开　　本:185mm×260mm　　印　张:12.75　　　　　字　　数:306 千字
版　　次:2024 年 3 月第 1 版　　　　　　　　　　印　　次:2024 年 3 月第 1 次印刷
定　　价:66.00 元

产品编号:094062-01

作者自序

作为实现人类飞天梦想杰出科技成就代表的大型民用航空器,是一个载运人员密集、科学技术密集、社会资金密集的复杂人造技术系统。循环往返于天地之间的大型民用航空器,其运行时环境温度为−50~40℃,大气压力为101~19 kPa,这就要求大型民用航空器应配载确保公众飞行安全的必要生命保障系统。由于空间狭小、可燃物众多、涉险人员逃生困难,抑灭火装备成为大型民用航空器标配的航空产品。依据机型大小的差异,民用航空器客舱配备灭火器,其货舱和发动机舱配备抑灭火系统。

现有机载灭火装备配置的灭火剂多为哈龙1211和哈龙1301,虽然哈龙灭火剂具有灭火无残留、低毒、无腐蚀、灭火效率高的优点,但是,由于哈龙系列灭火剂所含的氯或溴对大气臭氧层具有强烈破坏作用,国际组织和各国政府纷纷颁布禁止或限制使用哈龙灭火剂的禁令,同时积极推进哈龙灭火剂的替代品研发工作。1987年联合国环境署制定《蒙特利尔议定书》,开启禁止或限制使用哈龙灭火剂的历程。2010年国际民航组织第37届会议决定,敦促各国航空器制造商、航空公司、机载灭火剂供应商加快机载哈龙灭火剂替代品的研发工作,欧洲航空安全局、美国联邦航空局也做出相应规定。在此背景下,西方民航先进国家联合组建机载哈龙替代品科技研发联盟,全力推进在大型民机客舱、盥洗室、APU/发动机短舱和货舱等领域研发新型环保抑灭火系统。我国由于民机工业起步晚,因此一直未获得加入新一代机载灭火系统研发的邀请书。在全球新时代双循环经济技术格局下,新一代机载抑灭火系统的科技创新不仅影响我国大飞机战略发展的高度,甚至也决定了我国民航强国战略发展的广度。

在国家自然科学基金委员会的大力支持下,中国民用航空飞行学院、清华大学、中国商用飞机有限责任公司上海飞机设计研究院组成联合项目组,自主开展新一代机载抑灭火系统科学机理与关键技术的科技攻关工作。项目组依据国际标准研发了飞机连续变气压实验货舱,容积为 $56.6 \text{ m}^3 \pm 2.8 \text{ m}^3$(即 $8.11 \text{ m} \times 4.16 \text{ m} \times 1.67 \text{ m}$),基于此主动跟踪国际哈龙替代系统技术发展趋势,结合新一代机载灭火系统环保、轻量、低气压等工程技术应用环境,积极面向国家大飞机战略必需的新一代机载抑灭火技术需求,深入开展了低驱动压力双流体细水雾应用于飞行中民机货舱抑灭火的基础科学问题与关键技术研究。针对飞机货舱低气压/变气压环境,研究了庚烷、航煤、标准纸箱、锂电池、航空织物、航空电缆等典型可燃物的火焰高度、温度、烟气浓度等火行为特征,揭示了低气压下池火燃料蒸发区的特殊行为规律,发展了低气压/变气压受限火行为燃烧模型,发现了低气压下有毒气体 CO 和 CO_2 生成速率高于常气压下的现象;针对机载灭火系统轻量化关键需求,提出了基于超音速原理的细水雾雾化方法,开发了新型低驱动压力双流体细水雾产生装置,可形成雾滴粒径可调的实验环境,研制了国内首套飞机货舱智能联控细水雾抑灭火技术原型实验系统;针对飞行中货舱抑灭火特殊需求,研究了常气压和低气压下细水雾粒径分布、雾滴速度、雾滴碰撞以及蒸发等雾场特征,发现了低气压下细水雾的雾滴粒径小于常气压下的且两极分化、雾场分布不均匀等现象,发现了雾滴碰撞特性与无量纲韦伯数和奥内佐格数的关系,实现了基于连续温度函数的液滴碰撞三维数值模拟,揭示了固体表面温度对液滴反弹/黏附两种响应方式的影响机理,发展了低气压下细水雾雾场生产演化机理;依据国际散装货物、集装箱货物、液体表面和气溶胶等火型标准,开展了低气压及变气压下小尺寸、全尺寸飞机货舱抑灭火实验,揭示了低气压下细水雾抑灭典型固体/液体火灾机理。

总体而言,研发的符合美国联邦航空管理局(FAA)标准要求的全尺寸飞机货舱变压实验舱测试系统,在全球率先实现民机飞行0~12000 m范围的变压功能;课题研究成果揭示了在低气压/变气压下,机舱火行为、细水雾的生成发展机理,以及细水雾吸热冷却、降烟抑尘、热辐射抑制等抑灭火机理,研究成果得到波音等国际研究机构认可,细水雾雾化技术缩短了我国在机载细水雾抑灭火技术研发领域与西方民航先进国家的差距。本课题研究成果,可为我国大型航空器新型抑灭火系统研发提供借鉴,也可为我国飞机防火救援人才的培养提供支持。

前　言

　　大型民机防火系统是必备的机载系统,也是我国大型民机跻身世界必须攻克的重要技术体系。20世纪80年代末及90年代初,由于机载灭火系统充装的哈龙灭火剂具有重大环保缺陷,国际社会开启了机载灭火系统哈龙替代的科技创新历程。依据当时的一项新型民用航空器申请适航试飞计划,2011年盥洗室应禁用哈龙灭火剂,2014年机上手提式灭火器和APU舱禁用哈龙灭火剂,2018年飞机货舱禁用哈龙灭火剂。1990年以来,美国联合欧盟、巴西和日本等航空强国及地区建立一个未包括中国的"国际哈龙替代工作组"(后更名为"国际航空器火灾防护系统工作组"),初步形成机载哈龙替代品研发理论技术的先发优势。

　　我国大型民用航空器灭火系统的产品供应严重依赖国外供应商技术,ARJ21-700和C919机载灭火系统均选用美国产品。波音空客预测未来全球机载灭火系统需求将新增3.553万套,我国占据1/4,高达8800套。这无论是就中国工业始终追求的独立自强而言,还是就当今的双循环新经济技术格局而言,都是我们必须力求独立解决的关键工业技术。无独立的大型民用航空器机载抑灭火技术,我们必将陷入大型民用航空器被"卡脖子"的困境。研发具有完全自主知识产权的新一代货舱机载灭火系统,不仅可为我国大型民用航空器自主商用飞行奠定坚实技术基础,还可为我国民机产业和民航业带来巨大的经济效益。

　　对于大型民用航空器在爬升、巡航及降落各阶段,因机舱大气压力变化导致的机舱火行为、灭火剂雾化机理、抑灭火效能等科学问题,国内外研究者都一直未进行有效深入的研究。我国是一个高海拔地理研究资源十分丰富的国家,不仅有着250余万km^{2}的高高原(海拔2438 m及以上的地区)地理空间,而且在其上还生活着2000多万常住居民,并形成了全球规模最大的高高原经济社会体系。因此,利用我国独有的高高原实验环境,研究低气压及变动气压环境下航空器火灾机理及抑灭火技术,既可揭示变动气压、低气压下大型民用航空器火灾生成演化规律,又可研发高效的诸如货舱机载细水雾灭火系统等关键技术。

　　本书基于"民用飞机货舱细水雾灭火关键技术与实验验证"项目的研究,是中国民用航空飞行学院(以下简称"中飞院")、清华大学、中国商用飞机有限责任公司上海飞机设计研究院(以下简称"中商飞上飞院")联合向国家自然科学基金委员会申请的项目。该项目是联合基金项目(民航联合研究基金)下重点支持项目,项目编号为U1633203。

　　本书面向新一代民用航空器货舱环保型抑灭火系统轻量化设备研发、有效抑烟降温结果获得、持续抑灭火药剂浓度保持等机载应用工程技术需求,聚焦低气压/持续变气压环境机舱火行为、低驱动压力双流体细水雾雾化、低驱动压力双流体细水雾抑灭火机理等关键科学技术问题,交替采用小尺度、全尺寸实验和数值模拟等方法,全力推进新一代民用航空器机载抑灭火基础理论与关键技术研究。

　　研究大型民用航空器新一代机载抑灭火系统是一项立足火灾科学基础理论、面向国家大飞机战略和民航强国战略的重要工作。因此，为推进本书编著工作顺利开展，在国家自然科学基金委员会和中国民用航空局的总体领导下，本书编写组自 2014 年开始组建产-学-研-用 4 结合的编著团队。中飞院、清华大学、中商飞上飞院三家组建了机载货舱细水雾抑灭火系统科技攻关编写组。由此，编写组既有民航业内从事航空消防技术研究的科研院所（即中飞院），又有长期从事航空火灾科学研究的国内著名高校（即清华大学），还有从事大飞机研发设计生产的大型国有企业（即中商飞上飞院）。

　　为组建一支从细水雾基础理论到关键技术原型、从小尺度机理实验到全尺寸验证实验、从实验研究到数值模拟分析的大型民用航空器新一代机载哈龙替代抑灭火科技专著的编写团队，中飞院委派本校民航运行防火及救援学术带头人贺元骅教授，清华大学委派长江学者特聘教授、清华-波音联合中心副主任张辉教授，中商飞上飞院委派 ARJ21 飞机副总设计师、ARJ21 飞机防火系统和全机防火总体负责人常红研究员级高工，分别代表各自单位领队参与本书编写，编写组总体由中飞院贺元骅教授牵头组织工作。中飞院参与人员为贺元骅、伍毅、陈现涛、孙强，清华大学参与人员为张辉、杨锐、刘全义，中商飞上飞院参与人员为常红、安凤林、宣扬。刘全义同志在清华大学做博士后，2016 年 7 月博士后出站后即赴中飞院工作，因此其在本书中既是清华大学的编写人员，又是中飞院的编写人员，更多的是作为中飞院的核心骨干成员参与本书的编写。在本书 4 年的编写工作中，三方还派出了一些同志参与编写工作。中飞院方面有贾旭宏、谢松、王海斌 3 名副教授，清华大学方面有马秋菊、王伟、朱培、李聪、姚一娜、陶振翔等博士，中商飞上飞院方面有叶沉然工程师。

　　为保障本书研究科学技术方向的正确性，编写组还聘请了由 3 名国际著名火灾科学家和中国民航行业资深专家组成的顾问组。顾问组组长由我国著名科学家范维澄院士担任，范维澄院士时任清华大学公共安全研究院院长、清华-波音联合研究中心主任、中科大火灾国家重点实验室学术委员会主任。另两名顾问组成员，一名是上海航空器适航审定中心动力装置室主任、ARJ21-700 和 C919 飞机型号合格审定审查组动力装置组组长李新高级工程师，另一名是民航西南地区管理局适航审定处副处长，ARJ21-700、HO300 飞机型号合格审定审查组性能试飞组组长，C919、AG600 飞机型号合格审定委员会 TCB 委员周成刚高级工程师。

　　本书研究内容始终面向飞行中新一代哈龙替代抑灭火系统环保、轻量、兼容、低气压、雾化等重大工程技术需求要素。飞行中是指航空器为起飞而关闭舱门到为卸载客货而打开舱门这一阶段；环保是指新一代机载抑灭火系统应不破坏大气组分；轻量是指新一代抑灭火系统应竭尽所能选择可减轻重量的技术；兼容是指新一代抑灭火系统应考虑采用航空器自身的供氮、供水系统资源；低气压是指航空器飞行中较低大气压力（101～60 kPa）和持续变动大气压。参考这些应用约束条件，项目组设定该项研究包括特殊火行为、新型雾化机理和抑灭火机理。特殊火行为是指在低气压及持续变动气压下诸如机舱等受限空间内，不同燃料火的高度、分区、温度、热辐射、烟气等特性；新型雾化机理是指低驱动压力双流体细水雾，在低气压环境及持续变压环境下成雾机理、粒径速度、粒径颗粒大小和雾通量；变压抑灭火机理是指低驱动压力双流体细水雾，在低气压环境下雾滴弥散与障碍物、燃烧物之间的作用关系，以及细水雾在诸如机舱等受限空间的降温、抑烟的作用。

　　基于环保、轻量、兼容、低气压、雾化 5 项工程技术需求,以及特殊火行为、新型雾化机理、抑灭火机理等 3 项科学问题,编写组设置了 5 项主要内容。①变动气压环境对货舱火行为的影响规律。结合大型民用航空器飞行中低气压低氧的环境,特别是结合飞行中货舱火灾抑灭可能持续变动气压的特情,研究在低气压、持续变气压条件下机舱池火、固体火等火行为,研究气溶胶火灾特征,厘清飞行中大型民机货舱火灾防控需求。②兼容机载系统的细水雾产生方法。研发轻型高效且匹配机载系统的新一代细水雾抑灭火系统。首先是研发低驱动压力双流体细水雾雾化装置,突破氮气-水两相混合、激波谐振雾化等关键科技瓶颈,厘清低驱动压力下气液作用原理、低驱动压力下气液控制关键技术。其次是依据美国联邦航空局的新一代机载灭火系统最低性能标准,结合大型运输机货舱构型需求,研发机载细水雾抑灭火系统。③细水雾绕流特性和时空分布规律。对标大型运输飞机货舱应用环境,研究在常气压静气压、低气压静气压、持续变气压环境下,低驱动压力双流体细水雾雾场绕流及时空特性,低驱动压力双流体细水雾雾滴与货舱地板、壁板相互作用机理,确定不同布局、不同压力/温度变化下系统动态响应与优化策略,揭示气液两相流与激波谐振的相互影响及成雾机理。④低气压/变动气压环境下机载细水雾抑灭火机理。研究在常大气压力、低大气压力和变大气压力下,低驱动压力双流体细水雾抑烟降温的特征,揭示低气压及变压下氮气-水混合细水雾的空间扩散规律和抑灭火机理。⑤全尺寸货舱抑灭火实验验证。结合飞行中正常大气压、低气压等环境,研究飞行中低驱动压力双流体细水雾抑灭飞机货舱火灾有效性问题。依托康定机场(海拔 4290 m)可模拟飞机起降环境的全尺寸变压耐温舱实验平台、中飞院民机火灾科学与安全工程四川省重点实验室飞机灭火验证技术平台,研究细水雾在接近真实飞控环境下的灭火机理,获得性能优越可靠的原型系统。

　　本书通过基于“民用飞机货舱细水雾灭火关键技术与实验验证”项目的研究,实现理论与技术两个层面的创新。理论创新方面是揭示复杂气压环境下机舱细水雾抑灭火机理,即利用全球海拔最高的高高原航空安全实验室,开展低气压及变动气压环境下各类型全尺寸火灾实验,研究货舱特定气压环境下低驱动压力双流体细水雾流场绕流特性和时空分布规律,揭示货舱变压环境和特定流场条件下细水雾灭火抑火机理,弥补国内外变动气压环境民用航空器抑灭火技术研究的不足,为我国民用航空器灭火系统研发提供理论技术支撑;技术创新方面是研发货舱机载氮气-水双流体细水雾生成技术,面向机载系统兼容性限制条件,结合空气动力学和声学原理,利用机载惰化系统和供水系统,研发超音速谐振雾化的低驱动压力氮气-水双流体细水雾抑灭火技术原型系统,满足我国国产大飞机货舱哈龙替代灭火系统研发的紧迫需求。

　　基于项目,依据项目的总体目标、关键科学问题和研究内容,制订了一个全面可行的研究进展计划。既兼顾基本科学问题持续追问,又兼顾关键技术装备研发;既兼顾常温正常大气压平原实验与低气压及变动气压实验,又兼顾小尺度科学实验与全尺寸工程验证。以确保完成全部研发任务,全面攻克新一代机载抑灭火技术系统难题。

　　本书编写总共耗时 4 年,始于 2017 年 1 月 1 日,止于 2020 年 12 月 31 日。4 年编写历程是短暂的,但这段经历却耐人回味,有几件事情非常值得与大家分享。①项目组修建高高原航空安全实验室。为使机载抑灭火系统研究体现飞行中的真实情境,中飞院和清华大学两方在 2014 年决定修建高高原航空安全实验室。为解决实验室房屋土地、设施投资主体的合法性问题,中飞院和清华大学争取到四川康定机场集团和四川天舟通用航空科技有限公司的全力支持,康定机场集团提供实验室房屋修建用地,四川天舟通用航空科技有限公司提供实验室房屋基础设施修建经费60多万元,中飞院和清华大学先后向实验室投入设备,从而建成了全球海拔最高的高高原航空安全实验室,奠定了我国以飞行中民机火灾生成演化及抑灭为主体的,全面覆盖飞行中民机灾害生成与控制研究的实验技术基础。②从康定县城到康定机场每日的往返经历。康定机场海拔4290 m,生长于平原地区的师生初上康定,不仅得忍受缺氧的煎熬,而且面临感冒、罹患肺水肿的风险,因此夜间不能留在康定机场住宿。然而,康定县城至康定机场相距近60 km高寒山路,海拔垂直高差超过2000 m,每日往返里程接近120 km,且无定期公共交通工具往返,要么租车,要么自驾往返,最顺利往返耗时近3 h。由于高海拔、低气压、低温度,时常伴随暗冰行车障碍,即使是七、八月的盛夏也概莫能外。项目组为了师生往返安全,也为了及时完成实验项目,周密规划上山下山行车安全路线,每天早起晚归且每周工作6天,圆满实现4年出入高寒山区零事故零伤亡结果。③高寒高海拔地区每日餐食供给保障。由于高海拔、超低气压且常低温(盛夏中午温度15℃,不过1·h),日常煮卤灶具无法实现膳食供给;还由于差旅经费紧张,每人每日可得的人民币180元补助在租车、吃饭后人不敷出,故而发动师生及家属上高寒高海拔地区做饭烧菜。通过4年的高寒高海拔地区研发经历,本书编写基于的项目组不仅完成了全部实验,而且掌握了低气压、低供氧、低气温环境下膳食保障技术,竟然练成了高原寒区实验不断炊的本领。

理论是灰色的,生命之树常青。历经4年的研发时光,编写组不仅在飞行中民用航空器火灾抑灭基础理论、关键技术方面,而且在高寒高海拔地区行车安全、膳食保证等方面,都取得了长足的进步。这些科研研发的意外收获,值得我们铭记,更值得我们感恩!

由于编者学识水平有限,书中难免存在不足之处,敬请广大读者批评指正。

作者

2023.7

目 录

1 机载细水雾研究进展

1.1 机载抑灭火技术系统发展趋势

1.1.1 机载哈龙替代抑灭火技术发展趋势

由于机载哈龙灭火剂所含的氯、溴自由基破坏臭氧层,造成臭氧层空洞,1989年联合国通过《关于消耗臭氧层物质的蒙特利尔议定书》,限制哈龙灭火剂的生产和使用。由此,世界各国民机科研院所开始寻找环保、经济、高效的哈龙替代灭火剂。1993年,美国联邦航空管理局(Federal Aviation Administration,FAA)携航空强国相关研究机构建立国际哈龙替代工作组,2000年更名为国际航空器火灾防护系统工作组。该工作组旨在研发四大类机载火灾防护系统,参与成员有航空强国民航行政管理部门、国家科研部门、飞机制造商、航空公司、工业协会、灭火装备制造商及供应商。自1993年始,国际航空器火灾防护系统工作组大力推进机载哈龙替代灭火系统研制工程,在每年5月和11月举行两次国际会议,总结研究进展和确定未来研究工作。21世纪初以来,该组织先后研制出4部机载哈龙替代抑制及灭火系统最低性能标准(minimum performance standard,MPS)和测试方法,以指引货舱、发动机短舱、客舱和盥洗室哈龙替代灭火系统研发方向。在未来民机市场需求以及国际机载哈龙替代抑制及灭火系统研发趋势下,该研究有益于提升民航绿色环保水平。

1.1.2 飞机货舱哈龙替代灭火系统最低性能标准

2003年,FAA与国际航空器火灾防护系统工作组制定了飞机货舱哈龙替代灭火系统最低性能标准(Minimum Performance Standard for Aircraft Cargo Compartment Halon Replacement Fire Suppression Systems,简称货舱哈龙替代MPS标准),货舱哈龙替代MPS标准是飞机货舱哈龙替代抑制及灭火系统应满足的技术标准。2005年和2012年,FAA先后两次修正该标准,2005年修正了气溶胶罐爆炸模拟装置参数、可行标准和气溶胶罐爆炸测试程序;2012年明确要求测试应在 $56.6\ \mathrm{m}^3 \pm 2.8\ \mathrm{m}^3$ 的模拟货舱里进行,每种火灾环境至少重复5次,并提高了验收标准。

货舱哈龙替代MPS标准规定了四种火灾场景的灭火测试要求。①散装货物火灾。将178个尺寸为 $45.7\ \mathrm{cm} \times 45.7\ \mathrm{cm} \times 45.7\ \mathrm{cm}$ 的单壁瓦楞纸箱分两层堆放在尺寸为 $8.11\ \mathrm{m} \times 4.16\ \mathrm{m} \times 1.67\ \mathrm{m}$ 的货舱中,每个纸箱中含有 $1.1\ \mathrm{kg}$ 松散的碎办公纸条。5次测试的最高温度的算数平均数不得超过377℃,且灭火剂作用后 $2 \sim 30\ \mathrm{min}$ 的平均时间-温度曲线面积不得超过4974℃·min。②集装箱货物火灾。将与散装货物火灾相同的纸箱与点火装置堆放在一个尺寸为1.95 m×1.52 m×1.63 m的LD-3集装箱内,集装箱被关闭,燃烧所需的空气和药剂通过顶部的开口进入集装箱,火灾发生在集装箱内部,另外放置两个空的LD-3集装箱。5次测试的最高温度的算术平均数不得超过343℃,且灭火剂作用后2~30 min的平均时间-温度曲线面积不得超过7569℃·min。③表面燃烧火灾。将1.9 L的航空煤油和9.5 L的水放置在尺寸为60.9 cm×60.9 cm×10.2 cm的方形油盘中,用385 mL汽油引燃,油盘被放置在货舱内最不易被扑灭的位置。5次测试的最高温度的算术平均数不得超过293℃,且灭火剂作用后2~5 min的平均时间-温度曲线面积不得超过608℃·min。④气溶胶罐爆炸。将模拟器中丙烷、酒精和水的混合物从火花电极释放到电弧中,测试过程中如果没有发生过压、燃爆等现象,则表示灭火系统通过气溶胶罐爆炸测试。

1.2 细水雾抑灭火技术系统发展概述

在众多的机载哈龙替代灭火剂中,低驱动压力双流体细水雾具有兼容机载供水供氮系统的优势,可以有效降低飞机空重。并且细水雾具有优良的物理灭火性能,由于水的高热容(4.2 J/(g·K))和高潜热(2260 J/g),细水雾可以从火焰和燃料中吸收大量的热,进而有效化解机舱火灾轰燃风险。低驱动压力双流体细水雾由于其独有的优势成为新形势下灭火技术的焦点,并被广泛认为是气体灭火剂的替代物,是未来机载货舱环保灭火剂的最佳选项之一。当前学者对低驱动压力双流体细水雾的研究主要包括雾场特性、抑灭火有效性和抑灭火机理等方面。

1.2.1 低驱动压力细水雾雾场特性

Whitlow、卢平的研究表明,雾滴粒径随液体压力或气液质量流量比的增加而减小。Mishra的研究表明,喷雾锥角会随气液质量流量比的增加略有增加。2016年,Zaremba等对四种不同的双流体雾化喷头在相同操作条件下产生的雾场进行了比较,该研究首次发现,雾化喷头产生的雾场之间的差异会随气液质量流量比的增加而减小。陆强、刘旭泽的研究表明,随着气液压力的增加,雾滴平均粒径减小,平均动量增加,喷雾锥角变大。Yoon等的研究表明,雾滴粒径会随旋流角的增大而减小。Li利用相位多普勒分析仪测量了不同操作条件下的雾滴粒径分布,结果表明,随着轴向距离的增大,雾滴粒径的概率密度函数减小。1999年,Kufferath研究了液体流量为0.08~1.67 L/min、气体流量为16.67~333 L/min时喷头几何参数对喷雾特性的影响,该研究首次发现,当液体入口的长度与直径之比小于2时,雾滴粒径更小;当喷头出口的长度与直径之比大于4时,雾滴分布更均匀。2008年,卢平等分析了喷头内部结构对雾滴粒径的影响,首次发现增加气体注入孔的总截面积(中心管开孔率)有利于减小雾滴粒径。Ferreira等研究了雾滴粒径随进气道直径变化的规律,实验中控制液体流量为15.83 L/min,进气道直径为2.5~8 mm,结果表明,雾滴粒径会随进气道直径的增加而减小。2010年,Kushari首次将基本守恒方程和适当的边界条件用于双流体雾化喷头内部气液两相流动的数值模拟,用统计分布的韦伯数准则来估算雾滴粒径分布,得到的数据与实验较为吻合。2014年,Ghaffar等首次发现,旋流式双流体雾化喷头中旋流叶片角的增大,会引起喷雾锥角的增大,从而获得弥散性更好的喷雾。杨超等研究了喷头阀芯结构对双流体喷雾特性的影响,结果表明喉口直径和出口直径的减小有利于雾化效果的提升。Chen 等研究了超声双流体雾化喷头中谐振腔结构参数对雾滴粒径的影响,实验结果表明,雾滴粒径会随孔径或孔深的增加而增大,较小的孔径或孔深有利于加强喷头出口处的湍流,减小雾滴粒径。

总结以上研究可知,目前对低驱动压力双流体细水雾雾场特性的研究主要停留在改变气液流量、气液压力、环境气压以及喷头结构等方面,针对货舱特定环境下雾场特性的研究较少。由于飞机货舱结构、通风方式、货物分布(散装或集装)、机舱压力控制方式等对舱内环境会产生极大的影响,进而影响细水雾在舱内的雾场特性和分布规律,从而影响最终的抑灭火效果,因此需要进一步研究低驱动压力双流体细水雾在货舱特定环境下的雾场特性。

1.2.2　低驱动压力细水雾抑灭火有效性

从喷头喷射出的高速压缩气体,对细水雾具有良好的携带性,雾滴在雾化气体的携带下具有类似于气体灭火剂的特点,很快就在保护区形成全淹没灭火状态,进而有效提高细水雾的灭火有效性。2007 年,黄鑫的研究首次表明,无论是在局部释放工况下,还是在全淹没工况下,低驱动压力双流体细水雾均显示出比低驱动压力单流体细水雾更为高效的灭火性能,并且在有障碍物的场合使用惰性气体辅助雾化会极大地改善灭火效果。黄慧锋的研究表明,不同工况下低驱动压力双流体细水雾抑灭烹饪油火灾的效率均高于高驱动压力双流体细水雾。董燕的研究结果表明氮气的介入会使灭火时间减少。2010 年,黄鑫的研究发现,雾化气体起到了辅助灭火的作用,并首次提出,雾化气体本身的灭火能力越强,对应的双流体细水雾灭火时间越短。2012 年,Gupta 等的实验首次计算出氮气-水低驱动压力双流体细水雾在抑灭较大规模的正庚烷火灾时能够吸收 25%～30% 的燃烧热。刘红威等的研究表明,氮气-水低驱动压力双流体细水雾能够有效抑制可燃气体火灾并防止爆炸;而 Zhang 等利用传统的高驱动压力单流体细水雾抑制可燃气体爆炸时,发现高驱动压力单流体细水雾不仅没有成功抑制爆炸,反而使爆炸更为剧烈。

由于飞机舱室内有大量的带电设备和精密仪器,低驱动压力双流体细水雾能否有效抑灭此类火灾,以及灭火过程中是否会造成击穿放电现象是需要深入研究的问题。ABB Stromberg 研究中心的研究发现,细水雾具有良好的电绝缘性能,在细水雾扑灭电子电气火灾的过程中,只要细水雾的雾滴粒径小于 100 μm,一部分细水雾雾滴就会迅速汽化,进行冷却降温;一部分细水雾雾滴会长时间滞留在空中,起到隔绝热辐射的作用;只有少部分的细水雾雾滴会落在电子电气设备表面,而进入电子电气设备内部的细水雾极少,不足以形成导电的连续水流。房玉东等的研究认为,细水雾在抑灭计算机设备火灾、交换机设备火灾、电机设备火灾、电气设备控制面板火灾方面是有效的,但同时强调并非所有的细水雾灭火系统都适用于电气环境的火灾防护,只有雾滴粒径小、滞空时间长并且具有优良弥散性的细水雾才适用于电绝缘性好的电气环境火灾防护。

1.2.3　低驱动压力细水雾抑灭火机理

细水雾抑灭火的主要机理已被确定为:冷却、隔氧窒息、热辐射衰减和水雾对火焰的动力学效应等。大量研究表明,细水雾的灭火机理并不是固定的,会受到燃料类型、空间尺寸、通风条件等复杂因素的影响。陆强的研究表明,由于雾化气体的介入,双流体细水雾的灭火过程和灭火机理与单流体细水雾会有所不同,双流体细水雾的灭火过程包含细水雾与气体的协同灭火机理,但细水雾占据主导地位。Sumon 等采用拉格朗日离散相模型对灭火过程进行了定性和定量预测,结果表明,冷却机理起着主导作用,且雾滴粒径越小的细水雾冷却效果越好。Kim 等研究了封闭空间内低驱动压力双流体细水雾与煤油池火灾的相互作用,得出该过程的灭火机理主要是火羽冷却。2011 年,肖修昆的研究首次表明,在抑灭无障碍物遮挡的油池火灾时,低驱动压力双流体细水雾灭火的主导机理为冷却和水雾对火焰的动力学效应;在有障碍物遮挡时,灭火主导机理为火羽冷却和隔氧窒息。2012 年,Yao 的研究首次表明,低驱动压力双流体细水雾抑灭聚甲基丙烯酸甲酯火灾的主导机理为燃料表面冷却。Lal 的研究表明,低驱动压力双流体细水雾主要通过蒸发冷却和隔氧窒息来抑制封闭空间中的正庚烷池火灾,进而降低燃烧效率。

细水雾灭火系统能否完全替代哈龙灭火系统的难点在于对障碍物遮挡火灾的抑制效果,然而当前对细水雾越障能力以及细水雾抑灭障碍火灾有效性的研究主要停留在定性阶段,相关定量研究较少,在细水雾逐渐成为机载灭火系统发展的主流趋势时,研究细水雾的越障能力以及细水雾抑灭障碍火灾的有效性,对机载哈龙替代灭火技术的发展具有重要意义。此外,当前对低驱动压力双流体细水雾灭火有效性的研究主要集中在正常大气压环境下,针对高空低气压环境下的研究较少。由于飞行中机舱气压较低,舱室火行为、浮力作用、火焰结构等均呈现出与正常大气压下不同的特征,细水雾的穿透力、汽化吸热等特性也随之变化,因此,需要进一步研究低驱动压力双流体细水雾在低气压环境下的抑灭火有效性。

1.3 机载细水雾抑灭火技术发展趋势

1.3.1 机载细水雾抑灭火系统的组成及功能

由于飞机水箱增压系统和氮气发生系统的压力限制,难以采用中、高驱动压力细水雾进行抑灭火,因此需要研究兼容机载供水供氮系统的低驱动压力双流体细水雾。

机载细水雾灭火系统应包括水箱增压系统、氮气发生系统、区域控制阀、流量计、压力传感器、水雾喷头等部分,其结构如图 1.3-1 所示。部分系统组成及功能如下。

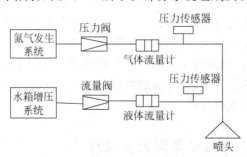

图 1.3-1 机载细水雾灭火系统示意图

水箱增压系统为细水雾喷头供应水源,其结构如图 1.3-2 所示。系统的压力来自发动机引气和空气压缩机,引气经过滤器、压力调节器和止回阀供向水箱,管路上的泄压阀限制系统最高压力,通常情况下,水箱的增压压力为 0.24 MPa,压力大于 0.45 MPa 时开始释压。空气压缩机在气源系统供压不足 0.210 MPa 时为水箱提供压力,压力达到 0.275 MPa 时停止供压。

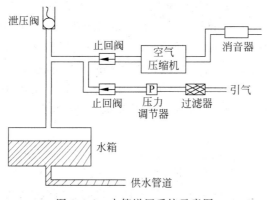

图 1.3-2 水箱增压系统示意图

氮气发生系统为细水雾喷头提供气源,用以实现细水雾的双流体雾化。按照 FAA 适航条例的要求,目前所有 100 座以上的民用飞机均已安装了氮气发生系统。氮气发生系统的原理如图 1.3-3 所示,发动机引气在压缩后进入热交换器,经降温减压后进入空气过滤器,分离出富氮空气,以供灭火使用。系统正常工作时,内部压力应控制在 0.47 MPa 以下。

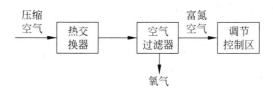

图 1.3-3 氮气发生系统示意图

根据雾化机理的不同,细水雾喷头可以分为四种:压力式雾化喷头、双流体式雾化喷头、旋转式雾化喷头和超声波雾化喷头,任何其他类型的喷头都是这四种基本类型的组合。美国消防协会(National Fire Protection Association 750,NFPA 750)在细水雾消防系统标准中界定了细水雾产生技术的三个压力区:低压、中压和高压。低压系统在 1.21 MPa 或更低的管道压力下工作,中压系统在 1.21~3.45 MPa 的管道压力下工作,而高压系统在大于 3.45 MPa 的管道压力下工作。

1.3.2 低驱动压力细水雾喷头研发

当前对低驱动压力双流体雾化喷头的研发主要有两种技术路线,分别是压力式雾化和超声波雾化。压力式双流体雾化喷头使用压缩气体进行雾化,主要由进气口、进水口和内部混合腔室组成,具有能量的压缩气体与水流在内部腔室进行混合,能够在相对较低的压力下产生细水雾雾滴,具有雾滴粒径小、混合破碎快、喷雾耗能低等优点,能够兼容机载供水供氮系统。Lefebvre 等设计的压力式雾化喷头在水压为 0.03~0.30 MPa 时,只需少量的雾化气体即可获得较好的雾化效果。2001 年，Shavit 首次发现利用湍流发生器可以在不增加平均速度的情况下增加湍流强度，以获得粒径更小的雾滴。2003 年，Mawhinney 首次提出，在研发扑灭大范围火灾的双流体雾化喷头时，由于旋流喷管需要储存和输送两种具有明显不同特性的介质，需要对两个分配系统中的可压缩流体和不可压缩流体进行计算，用以平衡每个喷头在排放过程中的气液质量流量比，并提出了平衡雾化介质和水流分布的概念。Karanwat 等设计了一种旋流式双流体雾化喷头，该喷头能够适应较低的液体供应压力且喷雾结构可控。2010 年，Lal 等首次研发出一种可以同时改变气压和水压的双流体雾化喷头，实现了对流量和喷雾特性相互独立的控制。肖修昆设计的压力式雾化喷头在 0.6 MPa 的气源压力和 0.5 MPa 的水源压力下实现了约 10 m 的喷雾距离，且雾场结构稳定。2014 年，Barroso 等研发了一种双流体雾化喷头用以取代传统的 Y 形喷头，该喷头可以获取粒径尽可能小的细水雾雾滴，并减少气体用量，其建立的混合腔室内流动分析模型能够适用于大多数双流体雾化喷头。

近年来，利用超声波实现双流体雾化是细水雾发展的重要新方向之一。与传统的压力式双流体雾化喷头不同，超声波雾化喷头增加了一个谐振腔，利用超声波振荡产生的高频率振动实现液体的雾化，雾化的必要条件是气液两相之间具有较大的相对速度差，图 1.3-4 所示是一种超声波雾化喷头的结构。大量研究表明，超声波雾化产生的细水雾雾滴粒径和雾动量更小，因此该细水雾可以更好地弥散和更长时间滞空，具有优良的越障能力而没有较大的水雾损失，且影响雾滴粒径分布的因素只与超声波振动频率有关。1999 年，Rodriguez 等最先提出，当想要获得尺寸细小且非常均匀的液滴时，超声波雾化喷头可以作为传统压力式雾化喷头的替代物。李名远等研发的两种超声波雾化喷头能在较低的压力下得到小粒径的雾滴。2007 年，张绍坤在研制超声波雾化喷头时提出，喷头各配件应选用不同的材料以避免配件啮合部分咬死而无法拆卸。Zhen 基于一维弹性振动理论，提出了一种新的超声波雾化喷头设计方法，即在主喷嘴前端安装一个波导管，用以提高超声波振动幅度，并利用 ANSYS 软件进行了雾化模拟，验证了样机良好的雾化性能。祖洪彪等设计了一种双制动式超声速气体喷嘴，在谐振管末端加入两个有源信号，通过改变执行器输入信号的幅值、频率或相位差，能够有效改变气体涌出的振荡幅度。Maduzia 利用非对称傅里叶喷管设计出了更高频率的超声波雾化喷头。Si、杨超利用拉瓦尔喷管超音速原理提高了超声波喷头的雾化效果。

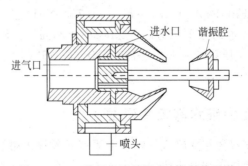

进水口　谐振腔

进气口

喷头

图 1.3-4　一种超声波雾化喷头的结构示意

1.3.3 机载细水雾抑灭火实验验证

20 世纪 80 年代，多个国家的民航局和客机制造公司联合成立了一个国际研究机构，该研究机构为飞机机舱设计了细水雾灭火系统，并对其灭火有效性进行了实验探究。实验在全尺寸机舱顶部配置了大量细水雾喷头，它们能产生长达 3 min、平均粒径约为 100 μm 的喷雾。实验结果表明，细水雾能有效地降低机舱内部温度、烟尘及有害气体浓度并防止飞机发生轰燃，同时也提高了舱内的能见度。2001 年，FAA 对两种低驱动压力双流体细水雾灭火系统和两种高驱动压力单流体细水雾灭火系统进行了货舱全尺寸灭火测试，大多数实验在宽体舱室 DC-10 货舱内进行，其他实验在 B-727 窄体舱室内进行。实验结果表明，低驱动压力双流体细水雾灭火系统能够在供气压力 0.55～0.76 MPa、供水压力 0.28～0.41 MPa 的范围内产生粒径小于 100 μm 的细水雾雾滴，该低驱动压力双流体细水雾能够有效抑灭货舱内的散装货物火灾、集装箱货物火灾和部分易燃液体火灾，且不会对火场附近的其他区域造成危险，但耗水量较大，需要进一步测试以便找到耗水量、激活逻辑和灭火之间的最佳关系。2002 年，FAA 与国际飞机系统防火工作组对含氮气和不含氮气细水雾灭火系统进行了全面评估实验。实验采用了高驱动压力单流体细水雾喷头，产生的细水雾雾滴粒径为 70～100 μm，氮气不作为细水雾的雾化气体，而是由独立的喷头单独释放。实验结果表明，含氮气细水雾的灭火有效性优于不含氮气的细水雾，货舱温度比使用普通细水雾或哈龙时更低，且耗水量较少。2004 年 6 月至 11 月，国际航空公司（International Aero Inc.，IAI）按照货舱哈龙替代 MPS 标准的要求，开展了低驱动压力双流体细水雾抑灭大型飞机 C 类货舱全尺寸火灾实验，实验中喷头的供气、供液压力都为 0.02 MPa，细水雾雾滴粒径为 50 μm。测试结果表明，低驱动压力双流体细水雾灭火系统对散装货物火灾、集装箱货物火灾和表面燃烧火灾的抑灭效果达到了货舱哈龙替代 MPS 标准的验收标准，然而在抑制气溶胶罐爆炸的实验中，细水雾没有达到标准。为了防止气态碳氢化合物着火，所需 O_2 体积分数应在 12% 以下。

2010 年，FAA 休斯研究中心构建了 13.3 m^3 的测试箱并进行不同孔径喷头的细水雾测试，测试了 Novec1230 和 2-BTP 两种液体灭火剂。测试结果表明，Novec1230 和 2-BTP 很难在高空低温条件下雾化和扩散。2011 年，休斯研究中心搭建了镀锌货舱集装箱测试平台，测试了不同流量下不同氧含量、水含量的氮气灭火剂的灭火性能。测试结果表明，氮气和水的有效结合能够快速灭火。2012 年，国际航空器火灾防护系统工作组利用改进的集装器（unit load device，ULD）系统实验平台，采用 CO_2、气溶胶、细水雾等不同灭火剂进行实验，得出强失控火灾下细水雾作为内部灭火剂效果最好。2013 年，休斯研究中心搭建了区域细水雾灭火系统的测试平台，测试了耐火安全罩的空气置换率并确定了空气置换率的计算方法；2014 年，测试了迎角状态下（angle of attack，AoA，指飞机的一种飞行状态）双流体细水雾灭火系统在 E 类舱中灭全/半载荷 A 类火和油盘火的性能；2015 年，测试了无添加剂和含盐细水雾系统灭全/半载荷 A 类火和 B 类火的性能；2016 年，测试了多区域细水雾灭火系统性能，以及防火安全罩、耐火安全罩内细水雾灭火系统的性能。FAA 的研究报告显示，截至目前，唯一通过货舱哈龙替代 MPS 标准的哈龙替代灭火剂是含氮细水雾。

2 飞行中机舱火行为研究

2.1 持续降气压火行为变化机理

　　本部分研究基于低气压燃烧测试舱,实验环境具有良好的密闭性,能够保证舱内气压在工作范围内以恒定的速率变化。由于在变压过程中进气系统和排气系统同时工作,舱内始终具备充足的新鲜空气,从而消除了舱内供氧不足的可能性。又由于进气孔均匀分布在舱底四周,确保了舱内的气流是足够均匀和稳定的,因此也消除了舱内空气流场对池火的影响。

　　池火实验布置如图 2.1-1 所示,盛放液体燃料的容器是不锈钢圆形油池,直径分别是 20 cm 和 30 cm,高度是 15 cm,厚度是 0.25 cm。实验使用的液体燃料是纯度为 99% 的工业级正庚烷(n-Heptane),密度是 684 kg/m^3,燃点是 223℃,燃烧热是 4806.6 kJ/mol,实验前油池中添加的正庚烷初始厚度是 2 cm。在正庚烷的下方放置了 10 cm 深的水,用于吸收多余的火焰热量,保证油池下方的仪器不被烧坏。油池放置在一块厚度为 1 cm 的防火板上,防火板由一个高精度电子天平支撑,电子天平的测量精度是 0.01 g,采样频率是 5 Hz,

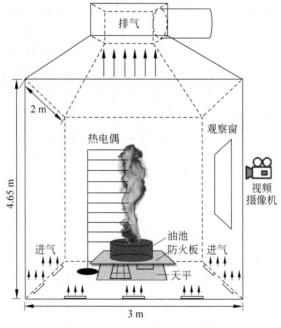

图 2.1-1　池火实验布置示意图

用来实时记录正庚烷的质量损失数据。油池中心线的正上方放置了一支热电偶树,由 11 根热电偶组成。热电偶的型号是 K 型,材料是镍铬-镍硅合金,直径是 0.1 cm,测量精度是 0.1℃,采样频率是 10 Hz。其中最下方的热电偶到正庚烷液面的垂直距离是 5 cm,其他热电偶之间的间距是 10 cm。舱体观察窗外布置有一个高清视频摄像机,帧率是 25 fps,用来记录燃烧过程中的火焰图像。

在实验过程中,货舱内气压从 101 kPa 匀速降到 24 kPa,降压速率分别是 148 Pa/s (8.88 kPa/min)、208 Pa/s(12.48 kPa/min)、261 Pa/s(15.66 kPa/min)和 304 Pa/s (18.24 kPa/min)。

2.1.1　池火燃烧阶段划分

根据电子天平记录的燃料质量损失数据,对时间求导,能得到燃料的质量损失速率。图 2.1-2 展示了燃料质量损失速率、舱内气压和时间的对应关系。图 2.1-2 中上半部分是质量损失速率曲线,下半部分是对应时刻的舱内气压曲线,0 s 代表池火开始燃烧的瞬间。根据现有的实验研究结论,静压下的池火燃烧过程可以按照质量损失速率的变化趋势进行划分。在本实验中,根据质量损失速率,燃料池火的燃烧过程可以分为以下几个阶段:

(1)101 kPa 下的初始燃烧阶段。在燃料被点燃之后,质量损失速率从零开始迅速增加,在 150 s 内达到稳定状态。

(2)101 kPa 下的稳定燃烧阶段。在此阶段内池火稳定燃烧,质量损失速率基本保持不变。其中 20 cm 油池在 101 kPa 环境下的稳定质量损失速率约为 14 g/(m^2 · s),30 cm 油池的稳定质量损失速率约为 17 g/(m^2 · s)。

(3)匀速降压阶段。在 360 s 以后,随着舱内气压开始下降,燃料的质量损失速率也随之出现下降的趋势。根据实际测量,以四种降压速率 148 Pa/s、208 Pa/s、261 Pa/s 和 304 Pa/s 从 101 kPa 降至 24 kPa 所需要的时间分别是 519 s、370 s、295 s 和 253 s,因此降压结束时刻分别是 879 s、730 s、655 s 和 613 s。

(4)过渡阶段。在降压结束后,舱内气压已经稳定在 24 kPa,但是燃料的质量损失速率并没有立即达到稳定状态,而是依然呈现着一定的下降趋势,在一段时间之后才逐渐达到稳定,这一阶段的时间大约是 200 s。

(5)24 kPa 下的稳定燃烧阶段。在过渡阶段结束之后,池火又开始稳定燃烧,质量损失速率基本不变。其中 20 cm 直径油盆的稳定质量损失速率约为 5 g/(m^2 · s),30 cm 油盆的稳定质量损失速率约为 4.5 g/(m^2 · s)。

(6)衰退熄灭阶段。当燃料快要消耗完的时候,火焰逐渐熄灭,燃烧速率出现快速降低。

从质量损失速率和舱内气压的变化可以发现,在实验过程中燃料的质量损失速率与舱内气压都表现出非常一致的对应关系。当舱内气压逐渐降低时,质量损失速率也随之降低,并且降压速率越大,质量损失速率下降的越快,降压速率越小,质量损失速率下降得越慢。当舱内气压分别稳定在 101 kPa 和 24 kPa 静压时,质量损失速率也是比较稳定的并且区别不大。

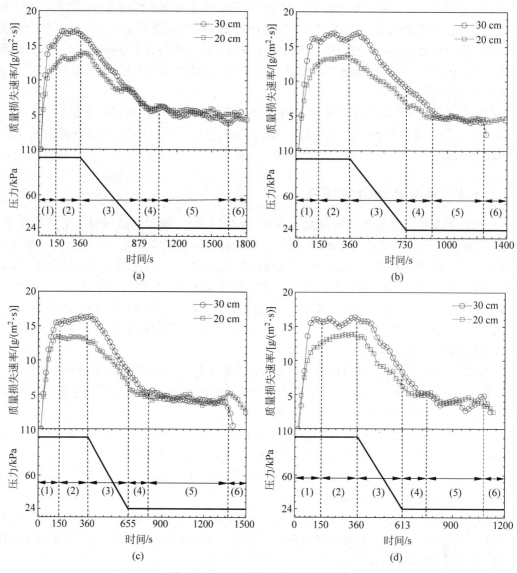

图 2.1-2　池火燃烧过程的阶段划分

(a) 148 Pa/s；(b) 208 Pa/s；(c) 261 Pa/s；(d) 304 Pa/s

2.1.2　耦合气压因素的质量损失速率模型

将匀速降压阶段的单位面积质量损失速率提取出来,其中 0 s 代表气压开始下降的初始时刻。从图 2.1-3 中可见,质量损失速率呈现明显的线性下降趋势,降压速率越大,质量损失速率下降的斜率越大,降压速率越小,质量损失速率下降的斜率越小。需要注意的是,当降压结束时,降压速率越小时质量损失速率所能达到的值越低,而降压速率越大时质量损失速率所能达到的值越高。但是不管降压速率如何,在降压结束时的质量损失速率始终没有达到 24 kPa 静压条件下的稳定质量损失速率。也就是说,变压过程中瞬时时刻的池火质量损失速率并不完全等同于该时刻静态气压下的池火质量损失速率。造成这种现象的原因是,当舱内气压发生变化时,燃料的热平衡也受到影响从而不断发生变化,导致池火的燃烧状态也在发生变化,从一个平衡状态逐渐转移到另一个平衡状态,并且燃烧状态的转移需要一定的时间。当变压速率是 148 Pa/s 时,变压时长相对较长,超过了 500 s,使得池火的燃烧状态能够更加接近于静压下的稳定燃烧状态,因此质量损失速率更加接近 24 kPa 时的稳定值。当变压速率是 304 Pa/s 时,变压过程在 240 s 左右已经结束,导致该时刻的质量损失速率更加偏离 24 kPa 的稳定值。可以看到,在变压条件下质量损失速率与同一静压有着较明显的区别,并且取决于变压速率的大小。

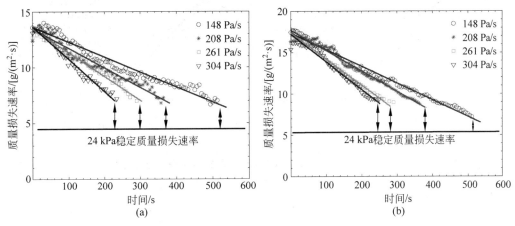

图 2.1-3   匀速降压阶段的质量损失速率变化情况

(a) 20 cm;(b) 30 cm

在降压环境中,气压对池火的燃烧过程主要通过以下几个方面产生作用:①环境气压越低,火焰周围空气卷吸强度越弱,导致通过空气卷吸进入燃烧区域的新鲜空气越少,因此能够参与燃烧反应的氧气量不足,最终抑制了池火的燃烧。②环境气压越低,舱内空气密度越低,氧气分压也就越低,因此单位体积内的氧气量就越少,也导致进入燃烧区域的氧气量减少,最终抑制了池火的燃烧。③环境气压越低,导热系数 k_1 越小,对流换热系数 k_2 也越小。根据相关研究,热辐射项中的透射率也和气压有关,因此热辐射量也越小,最终导致火焰对燃料的热反馈总量都减小,这也直接抑制了池火的燃烧。

静压环境中池火稳定燃烧时的单位面积质量损失速率可以通过气压模型 $\dot{m}'' \propto p^2 D^3$ 或者辐射模型 $\dot{m}'' \propto p^2 D$ 来描述。这两个模型综合考虑到了环境气压和油池直径,能够准确地预测单位面积质量损失速率。一些学者在实验中发现,当油池直径在 20 cm 和 30 cm 之间时,火焰对燃料的热反馈中热对流形式处于主导地位,池火的单位面积质量损失速率更加符合气压模型。也有研究表明当油池直径大于 20 cm 时,火焰对燃料的热反馈中热辐射形式处于主导地位,池火的单位面积质量损失速率更加符合辐射模型。为了确认在本实验的池火燃烧过程中热对流和热辐射的关系,分别将本实验数据按照两种模型的对应关系进行作图,如图 2.1-4 所示。其中横坐标分别是气压与油池直径的组合关系 $p^2 D^3$ 和 $p^2 D$,并且为了与实际降压过程相符,横坐标中的气压是反向排序的,纵坐标是池火的单位面积质量损失速率。通过比较能够发现,在气压模型中 20 cm 和 30 cm 两组数据出现了比较明显的分离,说明气压模型并不能很好地消除油池尺寸的影响。而此时辐射模型则能够消除油池直径的影响,略优于气压模型。因此可以得到,正庚烷池火的单位面积质量损失速率和环境

气压的关系更加符合辐射模型:

$$\dot{m}'' \propto (p^2 D)^{0.2988} \tag{2.1-1}$$

而且可以推断,随着油池直径的增大,热辐射在热反馈中所占的比重会越来越大,池火会更趋于热辐射主导的燃烧状态,如图 2.1-4 所示。

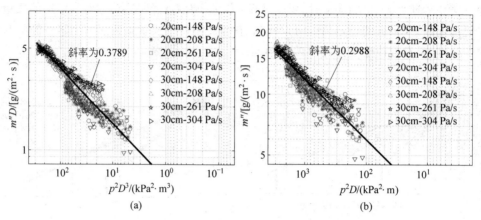

图 2.1-4　质量损失速率和气压模型与辐射模型的符合情况

(a) 气压模型；(b) 辐射模型

2.1.3　耦合气压因素的火羽流分区模型

在空气卷吸的作用下,火焰在油池中心线上融合汇拢,因此油池中心线上的火焰温度是研究的关键。对于火羽流区域中的某一固定位置来说,火焰温度主要取决于池火的热释放速率(heat release rate,HRR)。池火的热释放速率越大,同一位置上的火焰温度越高;池火的热释放速率越小,同一位置上的火焰温度越低。而热释放速率实际上取决于燃料的燃烧热和质量损失速率,因此火焰温度与质量损失速率会体现出一致的对应关系。同时,当燃料的质量损失速率不变时,在火羽流的不同竖直高度上火焰温度的变化规律也是不同的。为了准确研究本实验变压条件下的火焰温度变化规律,需要先确定在竖直方向上火羽流区域分界线高度的变化情况。

在以往静压环境的研究中通常用火焰特征长度 z_0^* 来衡量火焰高度,可以由下式计算:

$$z_0^* = \left(\frac{\dot{Q}_0}{\rho_{0,\infty} c_{0,\rho} T_{0,\infty} \sqrt{g}} \right)^{2/5} \tag{2.1-2}$$

其中,$\dot{Q}_0$ 是池火的热释放速率,kJ/s;$\rho_{0,\infty}$ 是舱内空气的密度,kg/m³;$c_{0,\rho}$ 是舱内空气的比热容,J/(kg·K);$T_{0,\infty}$ 是舱内空气的温度,K;g 是当地的重力加速度,m/s²。需要注意的是,该公式针对的是正常大气压下的池火燃烧过程,只包含了池火的热释放速率、环境空气的密度、比热容和温度,并没有考虑到环境气压发生变化时可能造成的影响。为此,接下来需要分析气压对火焰特征长度 z_0^* 的影响。若认为燃料始终是完全燃烧的,那么池火的热释放速率 $\dot{Q}_0$ 就是由燃料的质量损失速率决定的,可以用下式计算:

$$\dot{Q}_0 = \Delta H_c \dot{m}'' \dot{S} Q \tag{2.1-3}$$

其中，ΔH_c 表示正庚烷的燃烧热，kJ/mol；S 表示油池的面积，m²。由辐射模型可得，本实验中的热释放速率可以由辐射模型预测得到的质量损失速率进行计算。同时还需要注意到，在变压条件下货舱内空气的密度 ρ_∞ 也在发生变化，并且这种变化受到气压的实时影响，因此变压条件下的空气密度 ρ_∞ 可以由理想气体状态方程求得，也和气压成正比关系，即 $\rho_\infty = (p/p_0)\rho_{0,\infty}$。而对于空气的比热容、温度和重力加速度，都可以近似认为和气压无关。那么可以得到变压条件下的火焰特征长度，如下式所示：

$$z^* = \left(\frac{p_0}{p}\right)^{0.1610}\left(\frac{\dot{Q}_0}{\rho_{0,\infty} c_{0,\rho} T_{0,\infty} \sqrt{g}}\right)^{2/5} \tag{2.1-4}$$

可以看出，火焰特征高度 z^* 和环境气压有着负相关幂函数关系。环境气压越低，火焰特征高度 z^* 越高；环境气压越高，火焰特征高度 z^* 越低。

根据静压条件下的经典火羽流区域划分模型，若以燃料液面作为竖直高度的起点，火羽流在竖直方向上可以划分为三个区域：①当高度在 $[0, 0.08(z_0^*)^{2/5}]$ 范围内时，属于连续火焰区；②当高度在 $(0.08(z_0^*)^{2/5}, 0.2(z_0^*)^{2/5}]$ 范围内时，属于间歇火焰区；③当高度在 $(0.2(z_0^*)^{2/5}, +\infty)$ 范围内时，属于浮力羽流区。根据式(2.1-4)表述的考虑气压变化时的火焰特征高度，可以对经典火羽流区域分界线高度的计算公式进行修正，从而得到适用于变压条件的火羽流区域分界线高度，如式(2.1-5)所示。从中可以看出，当环境气压发生变化时，火羽流区域之间的分界线高度是不断变化的。

$$z \in \begin{cases} [0, 0.08]\left(\dfrac{p_0}{p}\right)^{0.1610}\left(\dfrac{\dot{Q}}{\rho_\infty c_p T_\infty \sqrt{g}}\right)^{2/5} & \text{连续火焰区} \\[3mm] (0.08, 0.2]\left(\dfrac{p_0}{p}\right)^{0.1610}\left(\dfrac{\dot{Q}}{\rho_\infty c_p T_\infty \sqrt{g}}\right)^{2/5} & \text{间歇火焰区} \\[3mm] (0.2, +\infty)\left(\dfrac{p_0}{p}\right)^{0.1610}\left(\dfrac{\dot{Q}}{\rho_\infty c_p T_\infty \sqrt{g}}\right)^{2/5} & \text{浮力羽流区} \end{cases} \tag{2.1-5}$$

分别根据式(2.1-5)和实测舱内的气压数据，做出变压过程中火羽流区域分界线的变化趋势，如图2.1-5所示。图2.1-5中的蓝色散点代表由直径为20 cm的池火质量损失速率得到的火羽流区域分界线，蓝色实线表示由辐射模型计算得到的分界线，由下向上将火羽流划分为连续火焰区、间歇火焰区和浮力羽流区。红色散点代表由30 cm池火质量损失速率得到的火羽流区域分界线，红色实线表示由辐射模型计算得到的分界线，同样将火羽流划分为连续火焰区、间歇火焰区和浮力羽流区。随着环境气压的降低，火羽流区域分界线的高度明显增加，并且每个区域自身的高度也逐渐被拉长。对于直径为20 cm的池火，连续火焰区和间歇火焰区的分界线从0.25 m上升到0.35 m，间歇火焰区和浮力羽流区的分界线从0.65 m上升到0.9 m。对于直径为30 cm的池火，连续火焰区和间歇火焰区的分界线从0.4 m上升到0.55 m，而间歇火焰区和浮力羽流区的分界线从1.0 m上升到1.3 m。火羽流区域高度的增长正对应着低气压下火焰整体高度的增长。

在得到降压环境中的火羽流区域高度动态变化规律之后，接下来针对每个火羽流区域内的火焰温度分别进行观察，总结火焰温度随气压的变化情况。以直径为20 cm的池火在148 Pa/s降压速率下的降压阶段实验数据为例，如图2.1-6所示。在降压阶段，T3和T4始

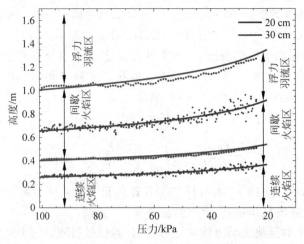

图 2.1-5 变压过程中火羽流区域分界线高度的变化情况

终处于连续火焰区,其火焰温度呈现出持续降低的趋势,这是因为随着质量损失速率的降低,总热释放速率不断减少。而对于处在间歇火焰区的 T5 和 T6,火焰温度没有出现明显的变化趋势,降压前后温度大致不变,这是因为尽管质量损失速率在降低,但是火焰的对外热辐射损失不断减少,使得温度能够保持不变。而 T7 及以上的热电偶均处于浮力羽流区,在降压过程中由于火焰的升高,这些原本火焰触碰不到的热电偶逐渐被升高的火焰直接灼烧,因此温度出现升高的趋势。

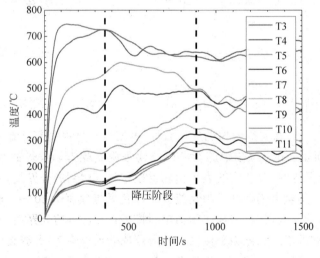

图 2.1-6 直径为 20 cm 的池火在 148 Pa/s 降压速率下的火焰温度变化情况

2.1.4 火焰高度的非单调变化规律

火焰形态是通过人们视觉直接观察到的能够衡量池火燃烧状态的一类燃烧特性。通过火焰形态可以直观地判断燃烧的剧烈程度,火焰形态也能够用于评估火焰上方和周围物体的受热状况,进而用来预测周围物体被引燃从而引发次生灾害的可能性。将变压过程中的火焰三基色图像、灰度图像、二值图像和二值叠加图像分别展示,如图 2.1-7 所示。从

图 2.1-7 可见,三基色图像就是视频摄像机拍摄到的直观火焰形态,在 101 kPa 时火焰颜色呈现比较明亮的橘红色,而 24 kPa 时火焰颜色呈现暗红色,这表明高压下池火的燃烧更加剧烈和旺盛。灰度图与三基色图的形态基本一致,只是火焰变成了灰色,但是灰度图颜色的深浅表征了火焰的明暗,灰色越浅表明火焰越明亮,灰色越深表明火焰越暗淡。二值图像中火焰全部区域都是白色,而背景区域全都是黑色,即表征该瞬时火焰是否出现的信息,同时可以观察到火焰形状的外部轮廓,但是失去了火焰内部的明暗信息。二值叠加图像中火焰又重新呈现深浅不一的灰色,但是和灰度图不同,这里的颜色深浅表征了在该时间窗内火焰出现在该像素点处的次数,颜色越深表明火焰出现的次数越多,颜色越浅表明火焰出现的次数越少。并且由于二值图像代表了该时间窗内的火焰统计形状,因此火焰形状呈现左右对称的梭形。当环境气压是 101 kPa 时,火焰形状整体比较低矮,面积比较小,而环境气压是

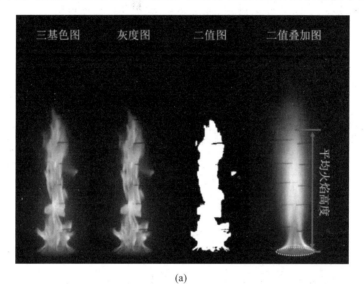

(a)

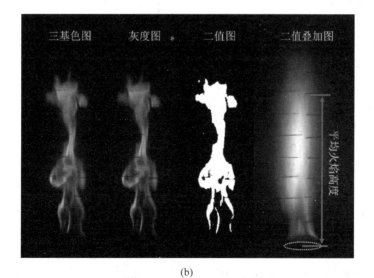

(b)

图 2.1-7　101 kPa 和 24 kPa 下火焰的三基色图、灰度图、二值图和二值叠加图
(a) 101 kPa；(b) 24 kPa

24 kPa 时,梭形的高度和面积明显增大,这说明火焰能够在更大的区域内出现。在叠加二值图中,寻找出现次数恰好等于火焰总帧数的 50% 的最高处的像素点,那么该点到油池表面的距离就是该时间窗内的平均火焰高度,如图 2.1-7 中的红色箭头所示。

根据上述火焰图像处理方法,在二值叠加图中寻找出现次数恰好等于火焰总帧数的 50% 的像素点,最高像素点的位置就是平均火焰高度。本实验中平均火焰高度与时间的关系如图 2.1-8 所示。从图 2.1-8 中可见,平均火焰高度的变化趋势和环境气压的变化趋势非常相似,同样呈现 101 kPa 下的初始燃烧阶段,101 kPa 下的稳定燃烧阶段、匀速降压阶段、过渡阶段、24 kPa 下的稳定燃烧阶段和衰退熄灭阶段。在匀速降压过程中,当气压开始降低时,平均火焰高度随之升高,并且平均火焰高度的上升速度与降压速率成正比。当降压速率是 148 Pa/s 时,平均火焰高度上升得最慢,达到峰值所需要的时间最长;当降压速率是 304 Pa/s 时,平均火焰高度上升得最快,达到峰值所需要的时间最短。

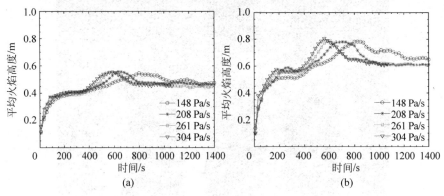

图 2.1-8 平均火焰高度随时间的变化情况

(a) 20 cm;(b) 30 cm

需要注意的是,在所有实验中平均火焰高度达到峰值的时间都不等于降压结束时刻,而是略早于降压结束时刻。并且在达到峰值之后又出现了一段时间的下降趋势,最终才降低到同一高度,稳定下来,这导致在降压过程中平均火焰高度呈现出非单调的变化规律。这种现象可以用空气卷吸和质量损失速率的动态竞争机制来进行解释。货舱内的气压主要通过两种途径影响火焰高度:①气压影响了池火的质量损失速率。气压越高,质量损失速率越大,导致燃料蒸发出的质量越多,燃料蒸汽完全燃烧所需要的空间就越大;气压越低,质量损失速率越小,导致燃料蒸发出的质量越少,燃料蒸汽完全燃烧所需要的空间就越小。可见,在这一途径中气压对火焰高度起到的是促进作用。②气压决定了货舱内的空气卷吸作用的强度。气压越高,空气卷吸作用越强,并且氧气分压越大,因此在同样空间内通过空气卷吸作用进入火羽流区域参与燃烧反应的氧气量就越多,导致燃料蒸汽在向上运移较短的距离内就能完全反应;气压越低,空气卷吸作用越弱,氧气分压越小,在同样空间内通过空气卷吸进入火羽流区域参与燃烧反应的氧气量就越少,导致燃料蒸汽需要向上移动更长的距离才能完全燃烧。从这一途径来看,环境气压对火焰高度起到的是抑制作用。

并且以上两种途径对气压的敏感度是不一样的,如图 2.1-9 所示。随着气压的变化,空气卷吸作用和氧气分压的变化是快速的和实时的,因此对火焰高度的影响效果立即呈现。而随着气压的变化,质量损失速率的变化则比较迟缓,当降压结束后质量损失速率依然出现了一段时间的下降。这就导致当环境气压降到一定程度后,空气卷吸强度变得比较弱,从而对平均火焰高度的促进作用不再明显,但是质量损失速率依然在缓慢下降,对平均火焰高度的抑制作用在持续进行。因此在气压较高时空气卷吸作用对平均火焰高度的影响占据主导地位,而在气压较低时质量损失速率对平均火焰高度的影响占据主导地位。这种空气卷吸作用和质量损失速率的动态竞争机制引起了平均火焰高度的回缩,这就是平均火焰高度呈现非单调变化趋势的原因。

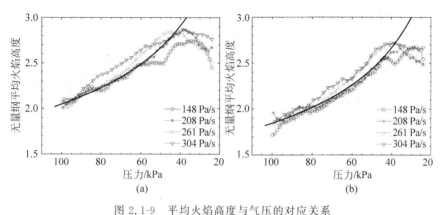

图 2.1-9 平均火焰高度与气压的对应关系

(a) 20 cm;(b) 30 cm

2.2 飞行中货舱多气压梯度池火行为

2.2.1 货舱受限空间下池火燃烧及顶棚射流特性实验研究

本部分针对飞机货舱的低气压和受限空间的环境特征,对顶板作用下的油池火行为展开了实验和理论分析研究,分析了不同环境气压下顶板安置高度、顶板倾斜角度对池火燃烧行为的影响,并通过对顶板射流特性的研究,尝试为后续复合火警探测器的研发及应用提供理论参数支撑。

本节实验的低气压条件设置为 50 kPa、76 kPa、101 kPa,油池的抬升高度分别为 0.30 m、0.58 m、0.91 cm,与之对应的距货舱顶板有效高度分别是 1.37 m、1.09 m、0.76 m,实验布置如图 2.2-1 所示。实验使用油池为实验室自制而成,材质为耐高温玻璃(工作温度可达

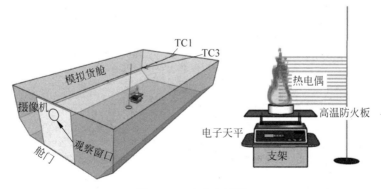

图 2.2-1 实验布置图

1500℃),池底与侧壁间通过密封高温胶粘连。油池分别为 20 cm×20 cm、30 cm×30 cm,侧壁高度均为 5 cm 的正方形油池。实验使用燃料为正庚烷(密度:0.684 g/ml,燃烧热:4806.6 kg/mol),每次实验过程中两种规格油池使用的燃料的质量分别为 200 g 和 550 g;加入燃料之前,油池底部加厚度约为 10 mm 的冷水,以防止玻璃油盘升温过高。每种工况的实验重复三次,以保证结果的可重复性。实验过程中对油池火燃烧速率、顶板温度、火焰高度进行了测量并加以分析。

1. 耦合顶板高度的燃烧速率模型

燃烧速率是反映油池火燃烧特性的关键参数,其表征着燃烧的快慢、热释放速率的大小等。众多学者通过实地或气压舱内的实验对低气压下的火行为进行了研究,指出燃烧速率随环境气压、油池尺寸的改变而变化。低气压受限空间下油池火燃烧,受到多种因素制约,如图 2.2-2 所示。随着顶板有效高度的降低,燃料受到的火焰热反馈由于顶板的作用而不断增加,包括热传导、热对流和热辐射;与此同时,油池火受到的空气卷吸强度不断减弱,从四周卷吸的空气量逐渐减少。另外,低气压环境下绝对氧含量的下降也会抑制火势的发展,但是低气压环境下拉伸的火焰高度、上移的火焰高温区也会增加反馈到油池表面的热量,使得池火燃烧呈现出更加复杂、多变的现象。

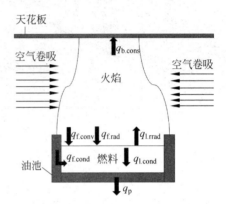

图 2.2-2 受限空间池火燃烧热平衡示意图

在图 2.2-3(a)中,随着顶板有效高度的不断减少,不同环境气压下,边长为 20 cm 的油池池火燃烧速率表现出不一的变化趋势,即当环境气压为 50 kPa 时,由于反馈到油池表面的热量不断增加,油池燃烧速率也不断增加;且当顶板有效高度为 0.76 m 时,由于火焰连续地撞击顶板,燃烧速率较之前急剧增加。对于气压更高的工况,随着顶板有效高度的减少,池火燃烧速率出现了减小的状况。主要原因是油池直径较小,火焰高度较小,顶板反馈到油池表面的热量的增加并不是很明显,但顶板有效高度减少强烈地抑制了火焰对空气的卷吸。在图 2.2-3(a)中表现为环境气压 76 kPa 时,燃烧速率先增加后减小,呈现出近似于抛物线趋势。环境气压为 10 kPa 时,油池火燃烧速率随有效高度的减小而减小。

彩图

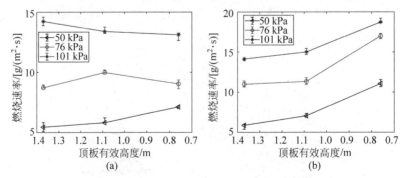

图 2.2-3 不同顶板有效高度下稳定燃烧阶段池火燃烧速率

(a) 20 cm;(b) 30 cm

边长为 30 cm 的油池池火稳定燃烧阶段燃烧速率平均值随顶板有效高度变化曲线,如图 2.2-3(b)所示。可以看出,不同环境气压下,燃烧速率变化趋势基本一致。但值得注意的是,低气压环境下油池燃烧速率变化最剧烈。顶板有效高度从 1.37 m 缩小到 0.67 m 过程中,环境气压分别为 50 kPa、76 kPa 和 101 kPa 条件下,与之对应的单位面积油池火燃烧速率分别增长了 5.19 g/(m² · s)、5.00 g/(m² · s)、4.60 g/(m² · s)。分析其原因为,在环境气压较小时,火焰高温区上移,火焰高度被拉长。当油池抬升高度增加时,由于火焰持续地撞击顶板,油池燃烧速率变化十分剧烈。

前人研究了无顶棚影响、开放环境下,不同环境气压下,直径分别为 20 cm、30 cm 的圆形正庚烷油池池火燃烧特性。实验结果表明,相对于气压模型,池火燃烧速率同池火燃烧辐射模型具有较好的拟合效果。如上述分析,在本部分的研究中顶板有效高度的不断降低,一方面会影响火焰对空气的卷吸,抑制池火的燃烧;但另一方面,也有助于烟气在顶板不断累积,随之反馈到油池表面的热量也不断增加,从而加剧池火的燃烧,增大燃烧速率。而本实验中涉及的低气压工况,更是加剧了这两种作用,因此在池火燃烧模型研究中需对只考虑了环境气压的辐射模型进行修正,将不同顶板高度、实际油池表面距离顶板高度、油池等效直径等参数对于燃烧状况的影响纳入其中。付艳云等的实验结果显示,池火损失速率、无量纲顶板有效高度之间符合幂指数关系,同时方形油池等效直径可以利用下式计算:

$$D_{eq} = \frac{l^2}{4\pi} \tag{2.2-1}$$

其中,l 为正方形油池边长。

基于上述分析,可以构造适用于本研究的燃烧速率模型,如下式所示:

$$\dot{m}'' = k(p^2 D_{eq})^\alpha (H_{ef}/H)^\beta \tag{2.2-2}$$

其中,k、α、β 为基于实验得到的拟合系数;H_{ef} 为有效顶棚高度。图 2.2-4 为对实验数据按照式(2.2-2)进行拟合的结果,其中横坐标为 H_{ef}/H,纵坐标为 $\dot{m}''(p^2 D_{eq})^{-0.5235}$,两者间具有良好的拟合效果。系数 β 为 -0.3742,前人在隧道火灾中研究的结果为 -0.5,表明,随顶板有效高度的降低,池火燃烧速率不断降低;α 为 0.5235,说明燃烧速率随环境气压的增加而变大。具体的燃烧速率模型可以利用式(2.2-3)计算,如图 2.2-4 所示。

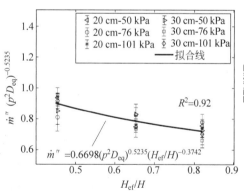

彩图

图 2.2-4 油池火燃烧速率模型

$$\dot{m}'' = 0.6698(p^2 D_{eq})^{0.5235}(H_{ef}/H)^{-0.3742} \tag{2.2-3}$$

2. 顶板/低气压耦合作用下的烟气温度分布模型

图 2.2-5 展示了不同顶板有效高度下,边长分别为 20 cm 和 30 cm 的正方形油池池火稳定燃烧阶段沿轴向高度的温度平均增加值。其中,X 轴为轴向高度,Y 轴为轴向温度增加值。从图 2.2-5 可以看出,所有工况靠近油池表面的两个热电偶(T1、T2)温度随轴向高度的增加先增加后减小。这与前人的研究结果相符,主要因为在油池表面附近有一个富含燃料的区域。

顶板有效高度为 1.37 m 时油池火轴向温升分布如图 2.2-5(a)所示。对于边长为 20 cm 的正方形油池火,各个工况下油池火焰温度变化趋势一致,即沿轴向高度增加方向火焰温度逐渐升高,且在轴向高度为 0.4 m、0.5 m 处火焰温度达到最大值;对比相同油池规格、不同环境气压下的火焰温度变化曲线,可知,在轴向高度 0.5 m 附近区域,环境气压为 101 kPa 时火焰温度最高,主要是因为低气压环境下的火焰高度会沿轴向拉伸,因而高温区有所上移;轴向高度大于 0.6 m 后,火焰温度随轴向高度的不断增加而降低。对于边长为 30 cm 的正方形油池火,在环境气压为 50 kPa、76 kPa 时火焰已开始间歇地撞击顶板,因而轴向火焰温度与 20 cm 油池的相比,呈现不一样的趋势,表现为环境气压较高时,轴向火焰温度较高,与各自环境气压下的燃烧质量速率大小关系一致。Hestkestad 等以轴向温升值 500 K 为界,将火焰分为火焰区、羽流区,可以发现在本研究中对于 30 cm 油池工况,大多数测点均处于火焰区,因而火焰温度较高。

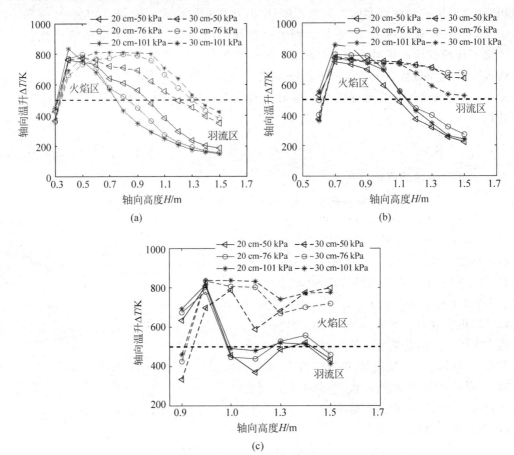

彩图

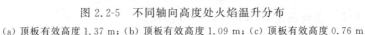

图 2.2-5　不同轴向高度处火焰温升分布

(a) 顶板有效高度 1.37 m;(b) 顶板有效高度 1.09 m;(c) 顶板有效高度 0.76 m

顶板有效高度为 1.09 m 时油池火轴向温升分布如图 2.2-5(b)所示。明显可以看出,从轴向高度 $H=0.7$ m 起,不同的环境气压下,随着轴向高度的增加,大油盘火焰温度的下降速率较小油盘的更小,主要是因为大油盘工况燃烧速率更大,火焰高度更高,顶板对池火燃烧有着更强烈的强化作用。

顶板有效高度为 0.76 m 时油池火轴向温升分布如图 2.2-5(c)所示。当顶板有效高度较小时,顶板对池火的热反馈、火焰卷吸空气的效果均达到最大值,表现为尺寸较大油池火的火焰温度沿轴向高度下降速率极小。同时,在靠近顶板附近,由于火焰在顶板上强烈地撞击,沿轴向高度的火焰温度出现了波动。此外,从图 2.2-5(c)可以看出,30 cm 大油盘工况的热电偶测点均处于火焰区。

3. 顶板羽流温度分布预测模型

对于货舱受限空间中的火灾现象可以归结为弱羽流和强羽流两种形式。由于货舱内部结构狭小,堆放着高度不一的货物,当火势较小时,燃烧烟气会不断地在货舱顶板聚集,形成撞击顶板射流,可以称其为弱羽流;当火势较大时,火羽流会间歇性、持续性地撞击顶板,形成顶板射流,可以称其为强羽流。图 2.2-6 分别展示了弱羽流、强羽流顶板射流与本节实验数据的拟合结果。可以看出,模型一采用了经典的弱羽流模型,将无量纲顶板温度同无量纲距离联系起来,在本实验工况中只有部分数据点同模型数据吻合较好,主要是因为本部分工作中火焰高度较大。模型二中采用了强羽流模型,引入了特征长度 B,综合考虑了环境变量、火源功率、火源正上方的顶板温升、顶板高度等多参数的影响,因此在本部分的研究中显得更加合理;同时引入了工况温度衰减系数,用以表征天花板、环境气压对空气卷吸的差异,最终得到了不同环境气压、不同有效高度下顶板羽流温度分布预测关系式。

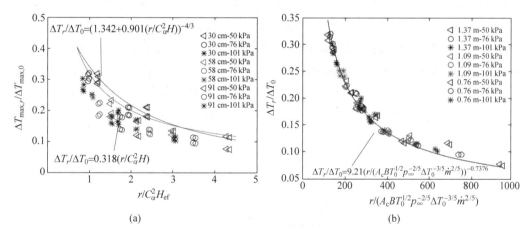

图 2.2-6　弱羽流、强羽流顶板射流温度模型同实验数据的对比结果
（a）模型一；（b）模型二

2.2.2　顶板倾斜角度对池火燃烧及顶板射流特性影响实验研究

本部分实验装置如图 2.2-7 所示,其主要装置为实验室自制的可调节支撑角度的支架。架子主体部分由 4040 标准工业铝合金制作而成,长、宽、高分别为 0.78 m、0.78 m、1.52 m。框架中间装有两根支架,角度调节范围为 0°～45°。6 个耐高温固定架安装在调节支架上,可在前后左右 4 个方向上调节,以满足不同尺寸的测试材料。同时,支架底部装有 4 个万向轮,以方便移动。

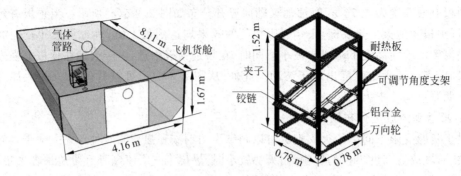

图 2.2-7　实验装置图

1. 池火燃烧速率

在顶板倾斜的工况中,如图 2.2-8 所示,以环境气压为 50 kPa 时为例,可以看出燃烧速率随时间变化分为预燃烧阶段、中间相对稳定阶段(轴向火焰温度相对稳定)和衰减阶段。第一阶段,燃烧速率急剧增长;第二阶段,在 200 s 左右,燃烧速率曲线抵达最大值并且维持一段时间;第三阶段,由于油品消耗接近殆尽,燃烧速率急剧下降。从图 2.2-8 可以进一步观察到:最大燃烧速率出现在顶板角度 $\theta=0°$ 时,而顶板角度 $\theta=45°$ 时燃烧速率最小,且稳定燃烧阶段几乎占据了燃烧的绝大多数时间。此外,不同顶板倾斜角度下第一阶段、第三阶段燃烧速率曲线的斜率差异较大。曲线的这些差异可以从火焰卷吸空气、火焰反馈热量到油池表面两方面来进行解释。一方面,前人的研究指出,随着顶板角度的增加,顶板上斜面火焰卷吸空气会加强,但与此同时,轴向火焰浮力的减少又会抑制火焰对空气的卷吸。另一方面,反馈到油池表面的热量也会随顶板倾斜角度的改变而变化。换句话说,随顶板角度变化的油池火燃烧速率是火焰空气卷吸与火焰热反馈互相竞争、综合作用的结果。

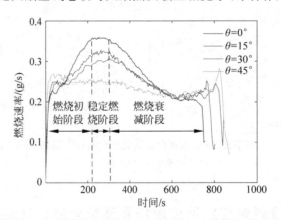

图 2.2-8　顶板倾斜工况中环境气压为 50 kPa 时油池火燃烧速率随时间的变化情况

通常来说,油池火燃烧释放的热量,一部分会反馈到油池表面从而加热液体燃料,待其蒸发为气体后再与空气混合进行燃烧。前人的研究指出,油池火燃烧速率依赖于三种热交换形式的影响:热传导、热对流、热辐射,具体的关联式如下式所示:

$$\dot{m}'' \propto (\dot{q}''_{\text{con}} + \dot{q}''_{\text{conv}} + \dot{q}''_{\text{rad}})/L$$

$$\propto 4\frac{k}{D_l}(T_f - T_l) + h(T_f - T_l) + \sigma(T_f^4 - T_l^4)(1 - \exp(-k_s l_m))/L \qquad (2.2\text{-}4)$$

实验研究表明,当油池直径超过 20 cm 时,燃烧过程中可以忽略热传导、热对流的影响,近似认为池火的燃烧主要依赖于反馈到油池表面的热通量。在本部分实验中,采用的油池尺寸为 20 cm×20 cm×5 cm,其等效直径超过了 20 cm。油池火在稳定燃烧阶段反馈到油池表面的热通量 $\dot{q}''_{rad}$ 在本节研究中用 $\dot{q}''_\theta$ 代替,因而式(2.2-4)可以进一步简化为下式:

$$\dot{m}'' \propto \dot{q}''_\theta / L \qquad (2.2\text{-}5)$$

又,根据下式:

$$L \propto \Delta H_g + c_p(T_b - T_l) \qquad (2.2\text{-}6)$$

式(2.2-5)可以进一步写成下式:

$$\dot{m}'' \propto \dot{q}''_\theta / (c_p \Delta T + \Delta H_g) \qquad (2.2\text{-}7)$$

忽略环境气压对液体沸点的影响,图 2.2-9 为稳定燃烧阶段质量损失速率与热通量之间的变化关系。通过进一步线性拟合,发现两者间的关系为 $\dot{m}'' = 0.6491\dot{q}''_\theta + 5.243$,从图 2.2-9 可以很明显地看出拟合效果不是很好,其关联性系数为 0.7332。这是因为在本部分的研究中油池厚度较薄(厚度不足 8 mm),且在燃料、油池底部并没有垫水层,同前人的实验工况设计有着较大的差异。前人通过一系列厚度(2~11.5 mm)不一的油池火实验,发现对于油池厚度较薄的池火,反馈到油池表面的热量并不能完全被池火吸收,其中一部分热量直接穿过燃料、油池,从底部向外损失掉了。进一步发现,油池越薄,穿过油池火的热量比例越大。通过对数据拟合,得到了如下关系式:

$$\dot{q}''_{b,p} = (0.26\dot{q}''_\theta + 0.74\dot{q}''_\theta \times e^{-0.5h}) \times (1 - X_{sf}) \qquad (2.2\text{-}8)$$

其中,$\dot{q}''_{b,p}$ 为穿过油池底部的热通量;X_{sf} 为燃料表面的反射系数。基于此,在本部分燃烧速率模型研究中需考虑这一影响,油池火燃烧速率模型可以进一步修正为下式:

$$\dot{m}'' \propto (\dot{q}''_\theta - \dot{q}''_{b,p})/L \propto (0.74\dot{q}''_\theta + 0.26\dot{q}''_\theta X_{sf} + 0.74\dot{q}''_\theta \times e^{-0.5h})/L \qquad (2.2\text{-}9)$$

式中,L 为油池厚度。

在式(2.2-9)中,$\dot{q}''_\theta$ 在燃烧阶段为定值,在燃烧衰减阶段,随着油料越来越少,油池厚度越来越薄,反馈到油池表面的大部分热量随之会穿过油池底部,因而油池的燃烧强度也会降下来。

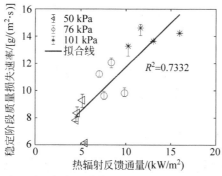

图 2.2-9 稳定燃烧阶段质量损失速率与反馈到油池表面的热通量之间的变化关系

2. 顶板温度分布模型研究

Zhang 等在研究强羽流火焰撞击顶板情况下火焰高度分布时,指出未燃烧的质量流在顶板并非对称分布,因此以火焰撞击点为界,将火焰在顶板上分为了上斜面、下斜面两部分。他们指出质量流在上、下斜面的分布符合关系式(2.2-10),且两者的差异随顶板角度的增加而增加。

$$\begin{cases} \dot{m}_{\text{up}} = \dot{m}_{\text{u}}(1 + \sin\theta)/2 \\ \dot{m}_{\text{down}} = \dot{m}_{\text{u}}(1 - \sin\theta)/2 \end{cases} \qquad (2.2\text{-}10)$$

其中,$\dot{m}_{\text{u}}$ 为顶板上分布的总质量流;$\dot{m}_{\text{up}}$、$\dot{m}_{\text{down}}$ 分别为上、下斜面顶板质量流分布。

在本节研究中,以环境气压 50 kPa 为例,图 2.2-10 为顶板羽流温度分布云图。可以观察到,相比于顶板角度 $\theta = 0°$,随着顶板开始倾斜,顶板上斜面的温度开始上升,下斜面温度开始降低,且这两者间的差异类似于前人关于质量流的差异,随角度的增加差值变得更大。分析其原因,正是因为燃烧质量流的不均衡分布,导致了火焰撞击点两侧火焰高度的不同,最终造成了顶板温度也呈现不对称分布的现象。基于此,后续的顶板烟气温度分布模型研究也分为两部分,即对上斜面温度分布(T_{up})、下斜面温度分布(T_{down})两部分分别展开研究。

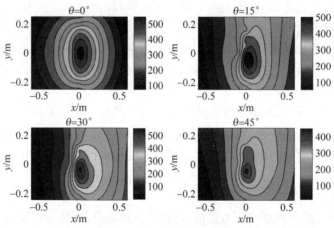

彩图

图 2.2-10　环境气压为 50 kPa 时顶板羽流温度分布云图

第一部分研究顶板上斜面烟气温度分布预测模型($r > 0$)。考虑到上斜面分布的火羽流较多,因而采用顶板温度分布强羽流模型。早前,通过引入顶板火焰特征长度,Heskestad 和 Hamada 建立了强羽流撞击顶板烟气温度分布模型,如下式所示:

$$\Delta T_r / \Delta T_0 = 1.92(r/b)^{-1} - \exp(1.61(1 - r/b)), \quad 1 < r/b < 40 \qquad (2.2\text{-}11)$$

其中,ΔT_0 为顶板撞击点羽流烟气温升;ΔT_r 为距顶板撞击点水平距离 r 处羽流烟气温升。而羽流特征半径 b 可通过下式计算:

$$b = 0.42 \left[(c_p \rho_\infty)^{4/5} T_\infty^{3/5} g^{2/5} \right]^{-1/2} \frac{T_0^{1/2} \dot{Q}_c^{2/5}}{\Delta T_0^{3/5}} \qquad (2.2\text{-}12)$$

其中,$\dot{Q}_c$ 为对流热释放速率,通过 $\dot{Q}_c = S\dot{m}'' \Delta H_c$ 求得。此外,前人在研究倾斜顶板烟气羽流速度、速度分布时,考虑到火焰特征长度在顶板投影,建议用 $\dot{Q}_c(1 + \sin\theta)$ 代替 $\dot{Q}_c$,距离 r 应该用 $r\cos\theta$ 代替。将上述参数,对相同环境气压下不同倾斜工况分别拟合,如图 2.2-11 所示,具体的方程如下:

$$\begin{cases} \Delta T_{\mathrm{up}}/\Delta T_0 = 2.0571(r\cos\theta/b)^{-1} - \exp[1.2927(1-r\cos\theta/b)], & p=50\ \mathrm{kPa} \\ \Delta T_{\mathrm{up}}/\Delta T_0 = 1.9256(r\cos\theta/b)^{-1} - \exp[1.5657(1-r\cos\theta/b)], & p=76\ \mathrm{kPa} \\ \Delta T_{\mathrm{up}}/\Delta T_0 = 1.876(r\cos\theta/b)^{-1} - \exp[1.5464(1-r\cos\theta/b)], & p=101\ \mathrm{kPa} \end{cases}$$

$$(2.2\text{-}13)$$

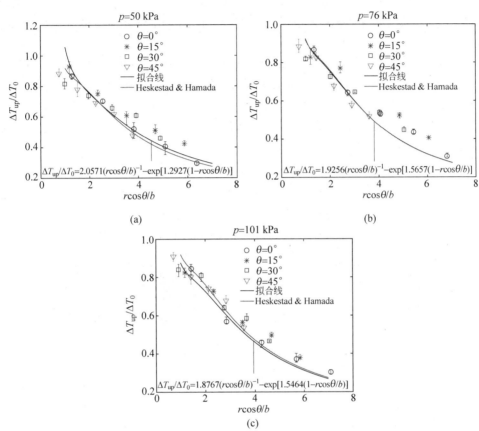

彩图

图 2.2-11 顶板上斜面无量纲烟气温度分布 $\Delta T_{\mathrm{up}}/\Delta T_0$ 随无量纲距离 $r\cos\theta/b$ 的变化情况

(a) 50 kPa；(b) 76 kPa；(c) 101 kPa

从图 2.2-11 可以看出，相同的环境气压下，顶板倾斜角度越大，羽流温度沿水平方向衰减得越慢，符合前文提到的结果。这主要是因为未燃烧的体积流量到上斜面时，其体积流量随倾斜角度的增加而增加。前人通过实验对比研究指出，低气压环境下，火焰卷吸空气能力减弱，表现为，将不同环境气压下顶板烟气温度分布模型参数进行对比，发现低气压环境下温度衰减更快，这可以通过低气压环境下火焰高度的增加和火焰高温区在轴向方向上移来解释。目前的实验数据可以通过 Heskestad 和 Hamada 模型很好地关联，由此可以得出结论，与顶板倾斜角相比，环境气压是影响强羽流撞击下顶板上斜面羽流温度分布的关键因素。因此，可以对式(2.2-13)中不同环境气压的系数进行拟合，如式(2.2-14)所示，建立一个上斜面方向包含气压变化项的顶板烟气温度分布的统一预测模型。

$$\begin{cases} \Delta T_{up}/\Delta T_0 = \alpha_{up}(r\cos\theta/b)^{-1} - \exp[\beta_{up}(1 - r\cos\theta/b)] \\ \alpha_{up} = 6e^{-5} \times p^2 - 0.0127 \times p + 2.5411, \quad r > 0 \\ \beta_{up} = 0.0002 \times p^2 + 0.0383 \times p + 0.0722 \end{cases} \quad (2.2\text{-}14)$$

其中，α_{up}、β_{up} 是通过拟合不同环境气压下的参数得到的。

第二部分研究顶板下斜面烟气温度分布预测模型（$r < 0$）。由于下斜面火焰羽流较少，温度也较上斜面低了很多，并未采用强羽流模型。Kuang 在研究顶板烟气温度分布规律时，建立了如下无量纲关系式：

$$\Delta T_{down}/\Delta T_0 = (0.15\sin\theta + 0.11)r/b + 0.97 - 0.06\sin\theta \quad (2.2\text{-}15)$$

式中，无量纲温度分布是衰减距离 r/b 关于顶板倾斜角度的线性函数，因此首先尝试将相同倾斜角度、不同环境气压工况参数代入方程 $\Delta T_{down}/\Delta T_0 = \alpha \cdot r/b + \beta$ 中分别拟合。图 2.2-12 显示了不同顶板倾斜角度下无量纲烟气温度 $\Delta T_{down}/\Delta T_0$ 随无量纲距离 r/b 的变化情况，具体关系式如下：

$$\begin{cases} \Delta T_{down}/\Delta T_0 = 0.0763(r/b) + 0.7881, \quad \theta = 0° \\ \Delta T_{down}/\Delta T_0 = 0.0613(r/b) + 0.6175, \quad \theta = 15° \\ \Delta T_{down}/\Delta T_0 = 0.0737(r/b) + 0.5766, \quad \theta = 30° \\ \Delta T_{down}/\Delta T_0 = 0.1090(r/b) + 0.8166, \quad \theta = 45° \end{cases} \quad (2.2\text{-}16)$$

彩图

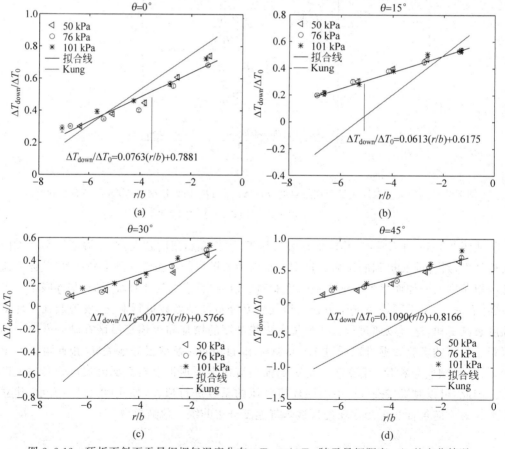

图 2.2-12　顶板下斜面无量纲烟气温度分布 $\Delta T_{down}/\Delta T_0$ 随无量纲距离 r/b 的变化情况

(a) $\theta = 0°$；(b) $\theta = 15°$；(c) $\theta = 30°$；(d) $\theta = 45°$

从图 2.2-12 可以看出,在相同顶板倾斜角度下,无量纲水平距离可以很好地拟合无量纲顶板烟气温度分布,表明在下斜面顶板上环境气压的变化对羽流温度的变化影响不大。当顶板倾斜角度由 $\theta=0°$ 增加到 $\theta=45°$ 时,无量纲距离(从火焰顶板撞击点到温度衰减到环境温度点之间的距离)从 10.3 减少到了 7.5。因此,可以推断出,顶板倾斜角度越大,温度衰减越快。该现象可以通过前人对于顶板羽流的研究解释,主要因为分布在下斜面的质量流随倾斜角度的增加而减少。

但同时值得注意的是,本实验的实验结果及其拟合建立的模型并不符合 Kuang 等研究的模型,这主要是因为在此研究中顶板倾斜角度较大,随之造成的无量纲蔓延距离也较大。此外,Zhang 等的研究也进一步指出顶板有效高度是影响顶板烟气温度分布的重要参数。本研究对方程中的系数进行关于顶板倾斜角度 θ 的拟合,即可得到多环境气压、不同顶板倾斜角度时,下斜面烟气温度分布统一模型,如式(2.2-17)所示,其中,α_{down}、β_{down} 均是通过拟合方程得到的,如图 2.2-12 所示。

$$\begin{cases} \Delta T_{down}/\Delta T_0 = \alpha_{down}(r/b) + \beta_{down} \\ \alpha_{down} = -0.0239\sin^2\theta + 0.01235\sin\theta - 0.0765, \quad r < 0 \\ \beta_{down} = 1.8378\sin^2\theta - 1.2914\sin\theta + 0.7976 \end{cases} \quad (2.2\text{-}17)$$

2.2.3　飞机货舱内倾斜顶板下油池火热辐射实验与模型研究

本部分在上文介绍的倾斜支架基础之上,展开了不同倾斜角度下丙烷气体火实验。如图 2.2-13 所示,燃烧池位于货舱的正中间,池底距地面高度为 10 cm。燃烧池材质为不锈钢,其为边长 15 cm、高 20 cm 的长方体,厚度为 0.25 cm。直径为 3~5 mm 的圆形石英砂被置于燃烧器内,铺设厚度为 14 cm,石英砂距离燃烧器上表面 1 cm,以便于燃烧过程中丙烷气体能够均匀地分布在油池的表面。长 1.30 m、宽 0.65 m 的矩形低热导率(0.03 W/(m·K))防火板被置放在燃烧器的正上方,与燃烧器间的相对高度可变,以模拟不同工况下可燃物与顶板的相对位置关系。实验开始前将防火板的背面用防火材料涂黑,以减少顶板的热反射。4 个水冷式热辐射计分别被放置在距离燃烧器中心点 0.37 m、0.47 m、0.57 m、0.67 m 的位置,且与燃烧器中心点处于同一水平面,排列成一条直线,并标有 HF1~HF4。此外,四个垂直摆放的水冷热流计被放置在距水池中心线水平 0.85 m 处,底部热流计到地板的距离为 0.40 m,热流计之间的垂直距离为 0.20 m,距地面距离分别为 0.40 m、0.60 m、0.80 m、1.0 m,标记为 HF5~HF8。实验过程中使用的水冷热流计型号为 SBG01,测量视角为180°,热辐射率大于 0.95,额定测量范围为 0~10 kW/m²。直径为 1 mm、2 mm 铠装 K 型热电偶树被放置在池中心线中的燃烧器表面上方,用于测量轴线火焰温度分布,热电偶间的垂直距离为 0.05 m。防火板中嵌入了 13 根直径为 0.5 mm 的 K 型热电偶,用于测量火焰在顶板上撞击时的火羽流温度,且这些热电偶都对称地分布在顶棚轴线的水平线上。左右两侧第一个热电偶到中心点的距离为 0.05 m,其余热电偶之间的距离为 0.1 m。所有这些热电偶变化都通过 NI 采集,连接到 LabView 软件,采样频率为 1 Hz。

在本实验中,在 50 kPa、76 kPa、101 kPa 三种环境气压下分别展开了有顶板、无顶板两种工况实验,同时利用 Sony 摄像机对火焰视频进行了记录,采样频率为 50 Hz。实验过程中,使用了五种热释放速率,不同环境气压下池火热释放速率通过 FTT 锥形量热仪提前标

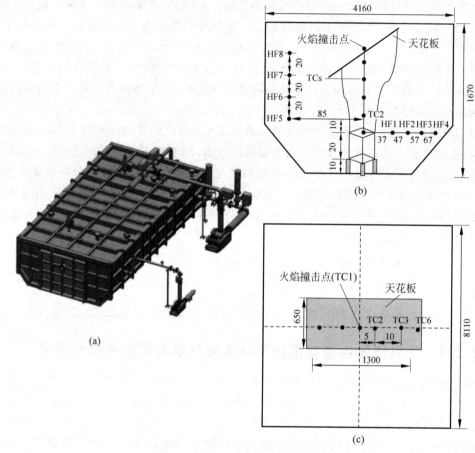

图 2.2-13　全尺寸飞机货舱及实验布局
（a）全尺寸货舱；（b）正面图；（c）俯视图

定,不同环境气压采用不同气体流速。

1. 火焰热辐射分数

前人在研究池火燃烧热辐射分数时,指出可以将火源假设为一个点-源模型,认为火焰从火焰中心以一个球面的形式向外辐射热,利用在 5 倍于油池直径距离处热流计测量的热辐射通量 $\dot{q}''$,即可计算出火焰热辐射分数,计算公式如下:

$$X_r = \frac{\dot{Q}_r}{\dot{Q}} = \frac{4\pi r^2 \dot{q}''}{\dot{m}\Delta H} \tag{2.2-18}$$

在本研究中,$\dot{q}''$ 取热流计 HF5~HF8 测量值的平均值,r 为油池火中心点到热流计间的距离。本文利用无顶板遮挡时的工况,计算了不同环境气压下的丙烷火焰热辐射分数,如图 2.2-14 所示。

从图 2.2-14 中可以看出,火焰热辐射分数在 0.14~0.25 之间变化,且随丙烷火热释放速率的增加而增加,但在不同环境气压下相差不大,符合 Li 等在不同海拔下进行的实地正庚烷、木垛火实验结论。在本文的研究中热辐射分数同火焰热释放速率具有很好的拟合关系:$X_r = 0.1321\exp(0.0235\dot{Q})$。

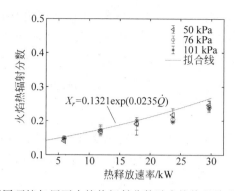

图 2.2-14　不同环境气压下火焰热辐射分数随火焰热释放速率的变化情况

2. 火焰高度/长度

燃烧过程中，火焰会不断振荡，影响池火对空气的卷吸。前人根据火焰在轴向高度上出现概率的不同，将火焰定义为最小火焰高度（火焰出现概率大于 0.95 的区域高度）、平均火焰高度（火焰出现概率超过 0.50 的区域高度）、最大火焰高度（火焰出现概率超过 0.05 的区域高度）。此外，基于火焰虚点源，Heskestad 提出了如下计算平均火焰高度的公式：

$$H_f/D_{eq} + 1.02 = 3.7(\dot{Q}^*)^{2/5} \tag{2.2-19}$$

上式可以表达为 $H_f/D_{eq} \propto (\dot{Q}^*)^{2/5}$，其中 $\dot{Q}^*$ 为无量纲热释放速率。通过将理想气体方程 $\rho_\infty T_\infty = p_\infty M/R_g$ 代入无量纲热释放速率中，即可得到如下火焰高度关联式：

$$H_f/D_{eq} \propto (\dot{Q}/p_\infty)^{2/5} \tag{2.2-20}$$

在本文的研究中，将无顶板火焰燃烧实验数据代入式中，在双对数坐标中分别对其进行拟合，如图 2.2-15 所示。实验数据显示，最小、平均、最大火焰高度与 $(\dot{Q}/p_\infty)^{2/5}$ 均能呈现很好的线性关系，但不同于前人的研究，在不同火焰分区下，有着不一样的幂指数关系。主要是因为本部分涉及低气压工况，火焰为了卷吸更多的空气，在纵向方向会拉长，因而呈现出了不一样的变化规律。

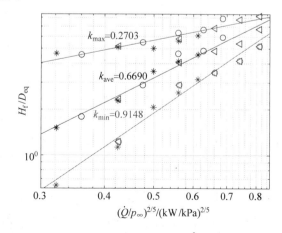

彩图

图 2.2-15　无量纲火焰高度 H_f/D_{eq} 随 $(\dot{Q}/p_\infty)^{2/5}$ 的变化情况

（蓝色、黑色、红色分别代表最大、平均、最小火焰高度）

Gao 等在研究侧壁受限空间顶板火焰高度时，指出可以将顶板火焰假设为矩形金字塔进行建模研究。观察本部分倾斜顶板下方火焰分布时，火焰在横向斜面、纵向斜面呈现不对称分布，因此也尝试用 Gao 等建立的火焰模型（式(2.2-21)）对其进行研究。

$$\frac{\dot{Q}_{bc}^*}{\dot{Q}_f^*} = \frac{V_{bc}}{V_f} = \frac{(H_f - H_{ec})^3}{H_f^3} \tag{2.2-21}$$

其中，$\dot{Q}_{bc}^*$、$\dot{Q}_f^*$ 分别为顶板上分布的热释放速率及自由火焰总的热释放速率；V 代表体积流量；H_f、H_{ec} 分别代表自由火焰高度、顶板有效高度。基于质量守恒、动量守恒可进一步建立在倾斜顶板上方的热释放速率关系式，如下式所示：

$$\begin{cases} \dot{Q}_{up}^* = \dot{Q}_{bc}^*(1 + \sin\theta) \\ \dot{Q}_{down}^* = \dot{Q}_{bc}^*(1 - \sin\theta) \end{cases} \tag{2.2-22}$$

其中，θ 为顶板倾斜角度。将本节倾斜顶板工况下最大火焰高度实验数据代入式(2.2-22)进行拟合，如图 2.2-16 所示。实验数据及拟合结果中的 r/D_{eq} 值比 Zhang 等的研究结果大，主要是因为本文中的实验数据为最大火焰高度，Zhang 等研究火焰高度时采用的实验数据为平均火焰高度。

彩图

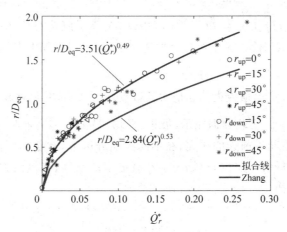

图 2.2-16　倾斜顶板无量纲火焰高度分布

3. 火焰温度

众多研究表明，轴向火焰温度分布可以按照轴向距离分为三个区域，即连续火焰区域、间歇火焰区域和羽流区域，而在低气压环境下的情况也可以用无量纲轴向距离（Z/Z^*）来划分。通过进一步将理想气体方程代入无量纲轴向距离可以得到下式：

$$Z^* = (\dot{Q}/\rho_\infty C_p T_\infty g)^{2/5} \propto (\dot{Q}/p_\infty)^{2/5} \tag{2.2-23}$$

在此基础上，Liu 等进一步指出，可以利用 $Z/(\dot{Q}/p_\infty)^{2/5}$ 对火焰区域进行划分，即 $\Delta T = \alpha(Z/(\dot{Q}/p_\infty)^{2/5})^\eta$。在本研究中，将无顶板火焰工况下轴向火焰温度数据代入式(2.2-23)，可以看到不同环境压力下火焰温度被进一步划分为 4 个区域，如图 2.2-17 所示，分别为靠近燃烧器表面的富油品区、稳定火焰区、间歇火焰区域和羽流区域。

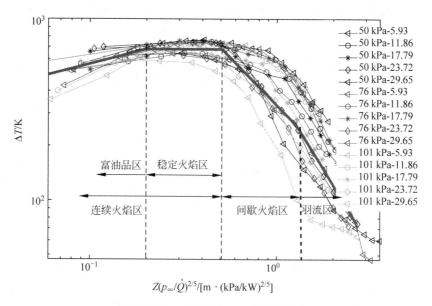

彩图

图 2.2-17　无顶板轴向火焰温度分布

4. 倾斜顶板影响下的火焰热辐射率模型

前人的研究指出：火焰的整体辐射率与燃烧产生的碳烟粒子、气体密切相关，火可以被假设为多段圆柱体模型、多段长方体模型，利用式（2.2-24）计算火焰对外热辐射，其中 σ 为辐射常数，A_f 为火焰面积。

$$\dot{Q}_r = \varepsilon \sigma T_f^4 A_f \tag{2.2-24}$$

本文的研究中，火焰间歇长度内包括火焰温度富油品区、温度稳定区域、温度间歇区域、温度羽流区域四个部分，将每个部分均假设为长方体模型，可通过下式计算火焰的热辐射率：

$$\varepsilon_f = \frac{\dot{Q}_r}{4\sigma T_f^4 A_f} = \frac{\dot{Q}_r}{4\sigma T_f^4 L H_{max}}$$

$$= \frac{X_r \dot{Q}}{4\sigma \pi L \left(\int_0^{H_{cor}} T_{cor}^4 dH + \int_{H_{cor}}^{H_{cf}} T_{cf}^4 dH + \int_{H_{cf}}^{H_{if}} T_{if}^4 dH + \int_{H_{if}}^{H_{max}} T_{pf}^4 dH \right)} \tag{2.2-25}$$

其中，H 为火焰高度；H_{cor}、H_{cf}、H_{if} 可表示为关于 $(p_\infty/\dot{Q})^{2/5}$ 的函数，分别为 $0.2(p_\infty/\dot{Q})^{2/5}$、$0.51(p_\infty/\dot{Q})^{2/5}$ 和 $1.27(p_\infty/\dot{Q})^{2/5}$；$L$ 为油池边长。将无顶板遮挡下的火焰热辐射分数 X_r、最大火焰高度 H_{max} 代入式（2.2-25）即可计算求得本研究不同工况下火焰热辐射率，如图 2.2-18 所示。从图 2.2-18 可以看出，火焰的热辐射率随环境气压的增大而增大，且在相同热释放速率下 50 kPa、76 kPa 环境气压下的结果差异不大，主要是因为低气压环境中火焰中碳烟粒子会减少，因而相同热释放速率下热辐射率较正常大气压下的小。此外，同 Back、Wan 等的研究结果一致，热辐射率随池火热释放速率的增加而增加。另外，值得注意的是，火焰温度的不同导致了热辐射率的差异，Back 等研究的工况为侧壁受限制池火，火

焰卷吸受到抑制,火焰温度较高,因而热辐射率比本工况低气压环境下的及 Wan 的研究值
都大。

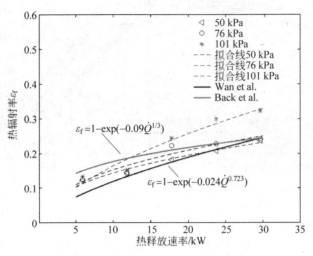

图 2.2-18　不同工况下丙烷气火焰的热辐射率

5. 倾斜顶板下池火羽流热辐射

Shintan 将间歇火焰高度分为连续火焰温度区、间歇火焰温度区,并将两个区域分别假
设为圆柱体模型,对火焰热辐射进行了计算。在本研究中,当火焰热释放较小,火焰高度小
于顶板高度,如图 2.2-19(a)所示,通过将间歇火焰高度根据温度划分为 4 段圆柱体,即连续
火焰区域(包括富油品区、火焰稳定区)、间歇羽流区、羽流区,来计算出水平地板的辐射热通
量,具体计算公式如下:

$$\dot{q} = F_{cor}\varepsilon\sigma T_{cor}^4 + F_{cf}\varepsilon\sigma T_{cf}^4 + F_{if}\varepsilon\sigma T_{if}^4 + F_{pf}\varepsilon\sigma T_{pf}^4 \tag{2.2-26}$$

上式分段计算中的温度为自由工况下火焰计算区域测量的平均温度,而在 Shintani、
Wan 等的研究中,采用的是自由工况下相同热辐射量计算求得的温度平均值。存在此种差
异的主要原因是,在前人的研究中,对火焰长度进行了无量纲化处理,后续热辐射通量计算
中只需要考虑无量纲火焰高度对应的温度区间即可。考虑到环境气压的影响,轴向高度火
焰表示为关于$(\dot{Q}/p_\infty)^{2/5}$ 的函数,倾斜顶板上斜面的火焰高度表示为关于$\dot{Q}_r^*$ 的函数,即两
者均为关于环境气压、热释放速率、顶板倾斜的函数,因而在后续的热辐射通量研究中代入
不同计算区域对应的平均火焰温度、火焰高度即可。式(2.2-26)中辐射角系数 F 可通过下
式进行计算:

$$F = \iint \frac{\cos\theta_1\cos\theta_2}{\pi R^2}dA_1$$
$$= \frac{B-1/S}{\pi\sqrt{B^2-1}}\arctan\sqrt{\frac{(B+1)(S-1)}{(B-1)(S+1)}} - \frac{A-1/S}{\pi\sqrt{A^2-1}}\arctan\sqrt{\frac{(A+1)(A-1)}{(A-1)(A+1)}}$$
$$\tag{2.2-27}$$

其中,$A=(h^2+S^2+1)/(2S)$,$B=(S^2+1)/(2S)$,$S=2L/D_{eq}$,$h=2H_{cr}/D_{eq}$,L 为油池中
心点到热流计之间的水平距离,H_{cr} 为计算区域火焰高度,D_{eq} 为油池等效直径。

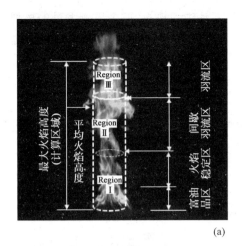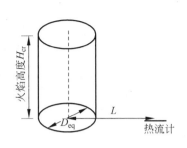

(a)

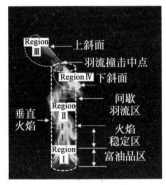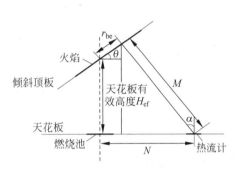

(b)

图 2.2-19　火焰热辐射计算模型

（a）弱羽流模型；（b）强羽流模型

当工况（热释放速率）HRR 较大或工况 HRR 较小但处于低气压环境下，火焰轴向高度大于顶板高度时，如图 2.2-19(b) 所示，可以将火焰分为垂直方向火焰热辐射（包括火焰温升连续区域、火焰温升高间歇区）、顶板火焰羽流热辐射（包括火焰在顶板上斜面的热通量、火焰在顶板下斜面的热通量）两大部分来分别计算。

池火羽流在顶板的分布并不对称，导致火焰上、下斜面的火焰高度、温度差异较大。在计算上斜面火羽流热辐射时将其假设为点-源模型，其中，圆心为上斜面最大火焰高度二分之一点所处的位置，具体的计算公式如下：

$$q_{up} = \frac{\varepsilon \sigma T_f^4 \cos\theta}{4\pi M^2} \qquad (2.2-28)$$

其中，T_f 取顶板中轴线上上斜面最大火焰高度平均温度；θ 为传感器表面法线与传感器火焰连线之间的角度；M 为火焰中心到热流计间的距离，利用下式进行计算：

$$M = \sqrt{(N - r_{up}\cos\alpha)^2 + (H_{ef} - rb_{up}\sin\alpha)^2} \qquad (2.2-29)$$

式中，r_{up} 为上斜面火焰最大长度 r_{be} 的二分之一，可参考图 2.2-19(b)。

顶板下斜面的计算方法同上斜面一致。图 2.2-20 展示了计算模型同实验结果的对比：总体上，热辐射通量的计算模型预测结果较好，误差值在 20% 以内。但值得注意的是，在丙烷火焰热释放速率较小时,火焰高度较小,并未触碰到顶板,但会导致大量的燃烧气体堆积在顶棚下,使得测量值偏大,与预测值的误差达到了 30%,在后续的研究中需进一步对其完善。

彩图

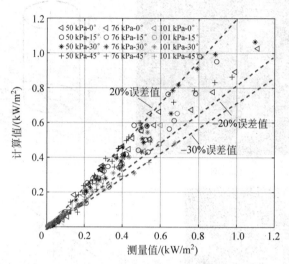

图 2.2-20　不同工况下池火热辐射通量计算值与测量值的比较结果

2.3　飞行中机舱固体火行为

2.3.1　固体纸箱火行为

在低压舱中心,瓦楞纸箱被放置在隔热板的上面,隔热板下面是电子秤,其精确度为 0.1 g,量程值为 30 kg。用电子秤的质量损失来计算瓦楞纸箱的燃烧速率。在 2 个纸箱测试时,为了防止箱子从秤台上倒塌,箱子的侧面被一层 10 cm×10 cm 网格(直径 5 mm)的铁丝网围住,纸箱的各个侧面与铁丝网彼此不接触。将标有 T1～T8 的 8 个 K 型镍镉热电偶沿着火羽流的中心轴垂直安装,以测量火焰中心的垂直温度分布。所有的热电偶直径都是 1 mm。最低的热电偶(T1)与纸箱的上表面齐平。在实验工况为燃烧单个和 2 个纸箱时,每 2 个连续热电偶之间的间距均为 10 cm。实验过程中的辐射热通量由水冷式辐射热流计来测量,测量的电流信号通过无纸记录仪转化为可读取的数据来保存。此外,数码摄像机记录的火焰视频用来观察分析实验现象。电子秤和热电偶以及辐射热流计的采样频率均为 1 Hz。

根据美国联邦航空管理局(FAA)的规定,用于燃烧测试的固体材料是装有办公用的 A4 碎纸带的单层瓦楞纸板箱。一个纸箱的尺寸为 45.7 cm×45.7 cm×45.7 cm,瓦楞纸板的单位面积质量为 0.5417 kg/m²,办公用 A4 纸的密度为 11.9 kg/m³。图 2.3-1 显示了箱子的 2 种不同堆叠设置,即单个纸箱尺寸为 45.7 cm×45.7 cm×45.7 cm(见图 2.3-1(a)),2 个纸箱尺寸为 45.7 cm×45.7 cm×91.4 cm(见图 2.3-1(b))。样品制备包括填充重为 1.13 kg、宽度为 8.5 mm 的办公用纸切丝条,纸条松散填充满整个纸箱,不需要压实。每个实验样品的瓦楞纸箱质量为(2.05±0.18)kg。准备好的样品纸箱需放置在干燥的房间至少 24 h 以除去水汽。

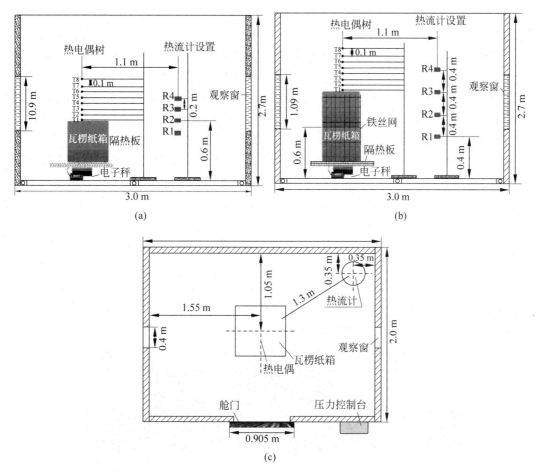

图 2.3-1　纸箱火实验布置示意图

（a）单纸箱正视图；（b）双纸箱正视图；（c）单纸箱和双纸箱整体布局俯视图

　　实验是通过对 60 cm 长的镍铬合金电阻丝通电来点燃纸箱的。点火器被放置在被点火纸箱的中心，电缆穿过点火纸箱中心的一个孔，放置点火器时确保其与松散堆叠的纸条紧密接触。点火器通过有耐火电缆的陶瓷连接器与输出电压为 50 V 的稳压交流电源相连。环形电热丝的中心温度要保持在 800℃以上，以确保点火成功。在点火纸箱的一个侧面开 10 个直径为 2.5 cm 的通风孔，以确保纸箱火不会自行熄灭。开始实验时首先将水环泵打开，当低压舱内所需压力达到稳定状态时，点火器通电，点火成功的标志是通风孔侧面开始持续燃烧。将所有实验重复 3 次来确保重复性并获得平均值。初始空气温度为 15℃，相对湿度为 45%。本文的研究工作主要开展了固定环境压力 50 kPa、64 kPa、75 kPa 和 90 kPa 下不同纸箱堆放形式的火灾测试。所有实验的低压舱进气量设定为 150 L/s，通过控制系统自动调节出气量。这种通风条件可以保证低压舱内瓦楞纸箱充分燃烧。2 个纸箱的实验压力点最低到 64 kPa，这是因为实验中 2 个纸箱在 64 kPa 以下很难被点燃。

1. 纸箱火燃烧过程定性分析

　　通过火焰视频记录可以直接观察到瓦楞纸箱有焰燃烧期间的火焰形状和颜色。这些实验所产生的定性相似性可以对瓦楞纸箱燃烧行为进行现象描述,图 2.3-2 显示了 75 kPa 固定压力下瓦楞纸箱燃烧的一些典型图像。将整个燃烧过程分为 3 个阶段,图 2.3-2(a)～(c)代表阶段Ⅰ,通风孔侧瓦楞纸板热解与相关的层流燃烧;图 2.3-2(d)～(f)代表阶段Ⅱ,瓦楞纸箱被加热且变形,纸条燃烧,产生较高的火焰湍流羽流;图 2.3-2(g)～(i)代表阶段Ⅲ,剩余的瓦楞纸板火焰向下蔓延燃烧,底部少量的纸条燃烧,该阶段燃烧生成的灰分和炭会导致纸条阴燃(闷烧)。图 2.3-2(a)～(i)是来自放置在燃烧样品前面的数码摄像机所产生的选定的帧。对于瓦楞纸箱燃烧的 3 个阶段可以通过观测识别出来。

阶段Ⅰ仅包括沿通风孔侧瓦楞纸板外沿向上的火焰蔓延,这时纸箱内部仅有点火源附近的少量纸条燃烧,因为少量的空气是通过纸箱侧面的 10 个通风孔进入纸箱内部的,该阶段瓦楞纸箱内的纸条尚未对燃烧产生明显的影响,产生的火焰可以被近似看作层流火焰,层流火焰大约持续 10 s。在点燃时产生的大量的烟通过通风孔进入低压舱。在阶段Ⅰ没有观察到明显的瓦楞纸板剥离的现象。

阶段Ⅱ是整个燃烧过程的高峰期,瓦楞纸板通风孔侧燃烧时,内部的纸条被加热、热解,一旦通风孔侧瓦楞纸板的附近区域被剥离,如图 2.3-2(c)所示,大量的氧气就会进入纸箱内部,与纸条接触,使其迅速燃烧。相邻的纸条和瓦楞纸板彼此相互加热、热解,以这种方式使瓦楞纸箱和纸条的大部分都被烧掉,从而形成较高的火焰羽流,达到整个燃烧的高峰阶段,如图 2.3-2(e)～(f)所示,瓦楞纸箱吸收热量后严重变形。

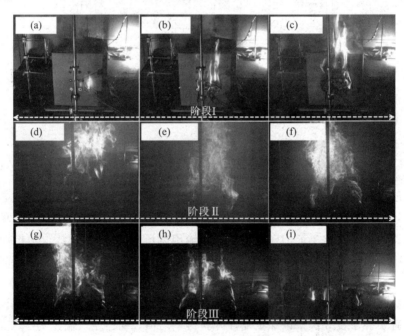

图 2.3-2 按照实验时间列出的瓦楞纸箱燃烧阶段正视图

(a) 5 s;(b) 20 s;(c) 50 s;(d) 90 s;(e) 100 s;(f) 120 s;(g) 130 s;(h) 140 s;(i) 200 s

阶段Ⅲ主要是剩余的瓦楞纸板和纸箱底部的少量纸条的燃烧。该阶段纸板和纸条基本已经消耗殆尽,在阶段Ⅱ生成的大量的黑色炭和灰分落到了纸条上部,导致通风不畅,而且这些灰分和炭不利于火焰热辐射和对流传热进入余下的纸条中,使得剩余纸条产生少量的热解气体,从而导致火焰分散几处且火焰高度较小,并最终熄灭。

图 2.3-3 为瓦楞纸箱燃烧阶段Ⅰ、阶段Ⅱ和阶段Ⅲ的左视图(侧视图)。

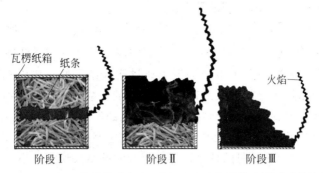

图 2.3-3　瓦楞纸箱燃烧阶段Ⅰ、阶段Ⅱ和阶段Ⅲ的左视图(侧视图)

2. 燃烧速率与压力相关性分析

图 2.3-4 显示了在 3 次重复测试中瓦楞纸箱的质量燃烧速率,并且通过平移将波峰位置对齐。一般来说,瓦楞纸箱的燃烧过程可以分为增长期和衰退期,通过峰值燃烧速率将燃烧过程一分为二。不难得出,在固定压力环境下,压力越低,整体燃烧速率越小,表明低气压环境不利于固体材料的燃烧,这主要是因为环境压力的降低会影响火焰的热量反馈,一个纸箱在 50 kPa、64 kPa、75 kPa 和 90 kPa 工况下的最大平均燃烧速率分别为 4.8 g/s、6.3 g/s、7.5 g/s 和 9.4 g/s,2 个纸箱在 75 kPa 和 90 kPa 工况下的最大平均燃烧速率分别为 13.6 g/s 和 16.4 g/s。

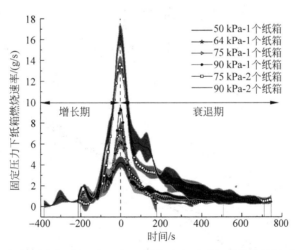

图 2.3-4　固定压力环境下不同放置的瓦楞纸箱的燃烧速率随时间变化曲线图,阴影部分代表误差范围

结果表明,各工况下峰值燃烧速率之比近似等于对应压力的比值,比如,2 个纸箱在 90 kPa 和 75 kPa 下的燃烧速率之比为 1.21,单个纸箱在这 2 种压力环境下燃烧速率之比为 1.25,这都在实验误差容许内近似等于对应环境压力的比值 90 kPa/75kPa=1.2。

对于有焰燃烧的固体材料,燃烧速率通常可以用失重速率来代替。燃烧速率是一个关于燃料化学热解反应动力学、传热传质、生成炭的炭化特性、热物理化学等特性的函数。燃烧过程涉及这些因素的耦合作用,因此像瓦楞纸箱这样的多孔复杂材料的燃烧速率模型是通过理论推导拟合实验结果来建立的。针对本研究的湍流火灾实验,最终燃烧速率与压力的关系可以表述为$(\dot{m}_1/A)/(\dot{m}_2/A)=p_1/p_2$，这是本部分研究中分析瓦楞纸箱在固定压力环境下燃烧速率与压力关系的理论基础。

通过数据拟合可以得到质量燃烧速率和压力的关系，如图2.3-5所示，其中C_h、C_r为比例常数，与压力无关。C_h为1.02×10^{-5}，C_r为1.13×10^{-5}，两者在同一个数量级上。此处也对$p^{3/2}$的压力相关性进行了拟合。为了通过实验结果修正燃烧速率与压力的指数，图2.3-6中也包括指数因子分别为1.2、1.3和1.5时的关系曲线。即对比图2.3-5和图2.3-6得出，压力指数为1.3时的理论推导结果与实验结果的误差小于其他指数的。综上所述，固定压力环境下，结合实验结果验证了本文提出的燃烧速率与压力的关系式，并通过实验结果给出了修正的压力指数为1.3时的理论推导结果与实验结果误差最小。辐射项对瓦楞纸箱的燃烧速率起主导作用。

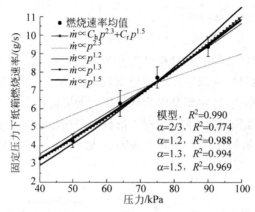

图2.3-5　固定压力环境下单个瓦楞纸箱燃烧速率与压力之间的关系

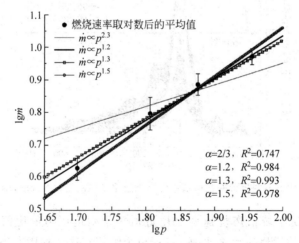

图2.3-6　固定压力环境下单个瓦楞纸箱燃烧速率与压力拟合关系

通过拟合得到不同压力指数2/3、1.2、1.3、1.5时的理论推导曲线与实验结果的对比图。

3. 火焰辐射热通量

本文中辐射热流计轴线距离纸箱中心1.3 m，以保证测量到的辐射热通量为瓦楞纸箱辐射的主要部分。辐射热流计在竖直方向上与地面间的距离依据纸箱个数布置有所不同。

图 2.3-7 为固定压力环境下纸箱燃烧过程中辐射热通量随时间变化趋势图。实验结果表明,各种固定压力环境下 R2 的辐射热通量最大,这是因为其角系数最大。火焰对辐射热流计的辐射热通量由火焰发射率与火焰温度共同决定。由图 2.3-7(a)~(e)可以看出,单个纸箱时同一位置的辐射热通量峰值随着压力的升高而升高,但是对于 2 个纸箱,75 kPa 时测得的 4 个位置的辐射热通量比 90 kPa 时的各个位置对应值更大,这可能是因为 75 kPa 下由于低压舱的抽气原理,75 kPa 时新鲜空气补换得更加及时,导致 2 个纸箱燃烧得更加充

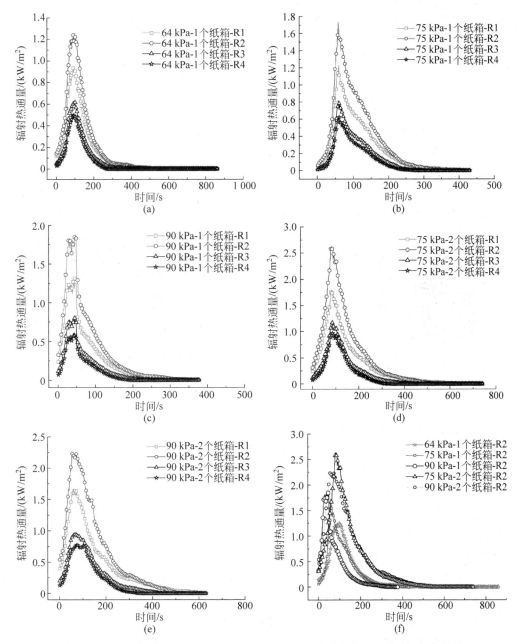

图 2.3-7　固定压力环境下不同纸箱放置情况下火焰辐射热通量随时间变化趋势

(a) 64 kPa 下单纸箱 R1~R4 的测量值; (b) 75 kPa 下单纸箱 R1~R4 的测量值; (c) 90 kPa 下单纸箱 R1~R4 的测量值;
(d) 75 kPa 下双纸箱 R1~R4 的测量值; (e) 90 kPa 下双纸箱 R1~R4 的测量值; (f) R2 在所有工况下的测量值

分。一般来说,固体燃烧过程产生的辐射比较复杂,与碳烟颗粒、碳烟体积分数和烟点等相关。然而低压环境对火焰碳烟的形成有较大影响,进而影响火焰的辐射热流。理论上辐射热通量的变化趋势和热释放速率的变化趋势一致,如图 2.3-7(f)所示,各工况下的最大辐射热通量与实验中测量到的热释放速率变化规律基本保持一致,这也证明了这一理论。

2.3.2 锂电池火行为

锂电池无论是作为航空运输的货物,还是作为飞机驱动电能储备装置,其在航空运输正常条件下都必须经历低气压、低氧的考验。因此,研究锂电池在低气压环境下的热失控及热传播行为,具有十分重要的意义。为研究锂电池热失控特性,在康定机场高原航空安全实验室内的飞机耐温变压实验舱测试系统内及飞行学院动压变温实验舱内,通过电加热触发热失控的方式,选取不同加热功率,于不同环境气压梯度下,研究低气压环境下多节锂离子电池热失控特性、扩展蔓延特性、温度场分布等灾害特性,揭示低气压对热失控过程的影响机理。如图 2.3-8 所示,康定压力舱内部尺寸为 8.11 m×4.16 m×1.67 m,内部空间体积约 56 m³±2.8 m³,可实现24～120 kPa 气压的变化;又由于实验舱安放地海拔4290 m,还可实地验证飞行中机舱内火灾生成演化规律和控制技术。广汉动温变压实验舱如图 2.3-9 所示,动态模拟的最低环境温度为−60℃,同时模拟飞机在飞行全过程中机舱压力变化:101～20 kPa。

图 2.3-8　飞机耐温变压实验舱

图 2.3-9　动温变压实验舱

1. 锂电池热失控火行为特征

为控制并削减航空运输的碳排放指标,飞机电驱动正在日益成为一种动力发展趋势。波音 787 飞机,空客 350 飞机等大型民机已经部分采用电驱动,欧洲、美国和我国小型通航飞机全电化时代已经开启。但是作为飞机电能储存装置的锂电池,在使用中却发生了一些火灾事故。因此,研究锂电池在飞行中的热灾害形成演化机理,特别是不同荷电状态(state of charge,SOC)锂电池在不同大气压力下的热灾害生成演化机理,对于确保飞行安全具有十分重要的意义。

图 2.3-10 显示了具有不同荷电状态的锂离子电池在 90 kPa 下的热失控现象。锂离子电池的热失控过程可分为四个阶段:电压下降、气体释放、冒烟和起火。如图 2.3-10 所示,不同荷电状态的电池表现出不同的热失控现象。当荷电状态为 0 和 25％时,电池在热失控过程中释放出大量的白烟,而没有燃烧。烟雾喷射强度随荷电状态的增加而增大。当荷电状态为 50％时,在热失控时刻,电池内部材料从电池顶部弹出,并伴有爆炸声。当荷电状态为 100％时,热失控过程发生剧烈燃烧。

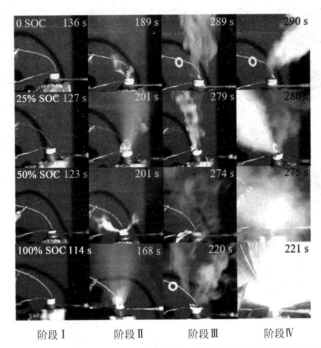

图 2.3-10   90 kPa 低气压下不同荷电状态锂离子电池热失控过程

图 2.3-11 显示了不同荷电状态和不同气压下锂离子电池的热失控现象。如图 2.3-11 所示,在所有气压下,热失控强度都随着荷电状态的增加而增加。对于荷电状态相同的电池,热失控强度和烟度随着气压的降低而明显降低。对于荷电状态为 0、25% 和 50% 的电池,随着气压从 90 kPa 降至 30 kPa,烟色由白色变为浅蓝色。对于 100% 荷电状态的蓄电池,30 kPa 时的燃烧火焰明显弱于 90 kPa 时的燃烧火焰。从上述现象可以看出,随着荷电状态的增加,电池的热失控强度明显增加。这是因为荷电状态的增加改变了阳极中嵌入的锂的量,这在热失控过程中带来了更多的能量和热释放。当荷电状态为 0 和 25% 时,较小的短路电流和反应放热导致温度低于电池内可燃物的着火点。因此,电池继续冒烟,没有着火。对于 50% 荷电状态的电池,随着可燃气体的不断释放和温度的升高,电池被点燃。然而,有限的空间和高浓度的可燃气体导致了热失控瞬间电池爆炸。

图 2.3-12 显示了不同 SOC 锂离子电池在不同气压下热失控过程中的电压曲线。如图 2.3-12(a)所示,由于阴极材料的相变,电压首先下降到 1.5 V 左右,然后有一段时间的波动,最后下降到 0。这是因为嵌入在阳极中的锂与电解液反应,形成了一层亚稳态固体电解质界面(solid electrolyte interphase,SEI)膜,保护了正负电极不接触。然而,随着温度的不断升高和隔膜的分解,电池完全短路,电压降至 0。此外,从图 2.3-12(a)~(d)可以看出,在所有气压下,由于电池反应热的增加,压降时间随着 SOC 的增加而减小。事实上,锂离子电池(LiBS)在加热过程中的内部反应主要是阳极表面固体电解质界面(SEI)膜的放热分解、锂插层与阳极电解质的反应以及隔膜的熔融。SOC 越高的电池,参与反应的锂越多,而 SOC 越高的样品,短路电流越大。因此,压降时间随 SOC 的增加呈现减小的规律。在相同 SOC 和不同气压下,100% SOC 的 LiBS 气压变化不明显,0 SOC、25% SOC 和 50% SOC LiBS 的压降时间随气压的增加而减小。

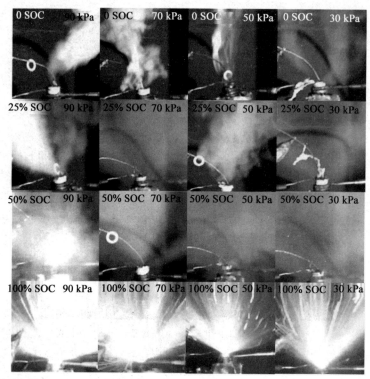

图 2.3-11　不同低气压下不同荷电状态锂离子电池热失控过程

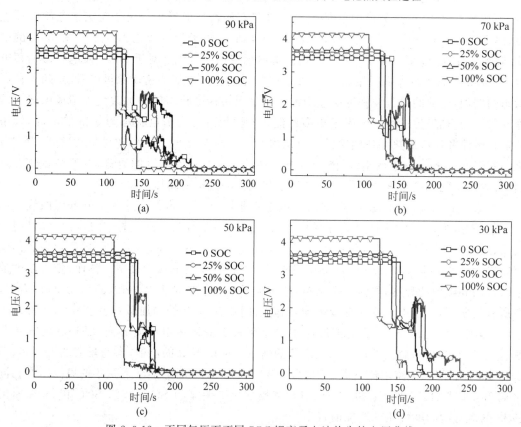

图 2.3-12　不同气压下不同 SOC 锂离子电池热失控电压曲线

　　电池表面温度是研究热失控演化规律的重要参数。如图 2.3-13 所示,电池的表面温度在最初的加热阶段缓慢上升。由于 SEI 膜和隔膜的分解反应以及嵌入的锂与电解液之间的副反应,温升速率增加。随着温度的不断升高,出现了热失控并导致气温急剧上升。对于 SOC 为 0 的电池,温度上升较慢,表明放热相对适中。当 SOC 增加到 25% 以上时,电池出现明显的热失控峰值温度,表明在热失控时刻有明显的热释放。此外,随着 SOC 的增加,温度呈上升趋势。对于相同 SOC 的电池,如图 2.3-13 所示,热失控表面温度随着气压的降低而降低,在大气压下,100% SOC 镍锰钴电池热失控表面的初始温度为 168℃±1℃,热失控的最高温度为 678℃±13℃,这可以归因于较低的氧气密度。

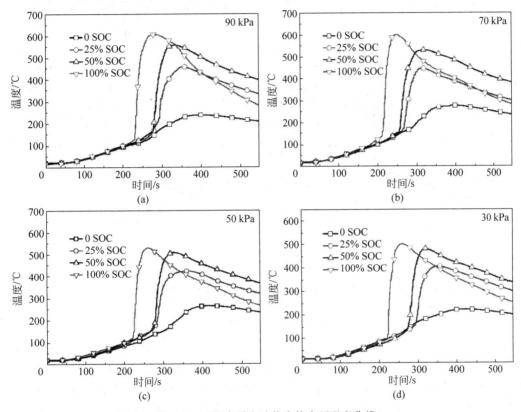

图 2.3-13　锂离子电池热失控表面温度曲线

　　图 2.3-14 显示了锂离子电池的热失控火焰温度。在上述四种环境气压下,随着 SOC 的增加,锂离子电池热失控的火焰温度会明显升高。100% SOC 锂离子电池的火焰温度达到 800℃以上,而 0 SOC 锂离子电池的最高火焰温度仅为 300℃左右。此外,随着气压的降低,同一荷电状态中锂离子电池的热失控火焰温度降低。上述现象与电池表面温度规律一致,可见 SOC 和气压会影响电池的热失控温度。

　　热释放速率(HRR)是确定火灾危险程度的重要参数。热释放速率测量原理是根据耗氧量计算的,可以利用下式计算:

$$q = E(m^0_{(O_2)} - m_{(O_2)}) \tag{2.3-1}$$

式中,q 是热释放速率;E 是给定燃料消耗的单位 O_2 释放的能量;$m^0_{(O_2)} - m_{(O_2)}$ 是氧气进出空气的质量流量。

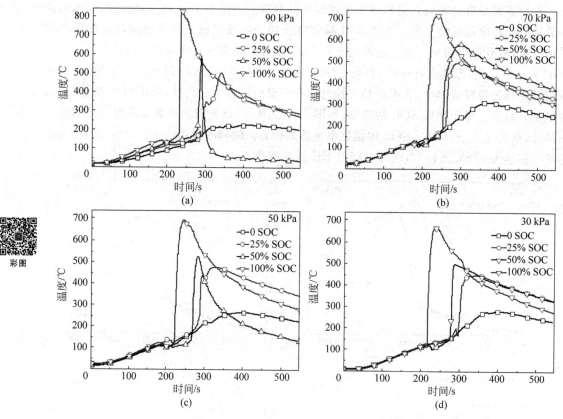

图 2.3-14　锂离子电池热失控火焰温度曲线

对于上述方程的积分,总热释放速率可通过式(2.3-2)计算:

$$Q = \int_0^t q(\tau)\mathrm{d}\tau \tag{2.3-2}$$

图 2.3-15(a)和图 2.3-15(b)分别显示了 90 kPa 下不同荷电状态的锂离子电池的热释放速率和总热释放速率曲线。锂离子电池的热释放速率随荷电状态的降低而减小。在图 2.3-15(b)中还可以看到,随着荷电状态的降低,总热释放速率明显降低。这主要是因为电池的电极中嵌入了大量的锂元素。锂离子电池的荷电状态越高,热失控时锂元素的反应越多,放热越多,燃烧过程中耗氧越多,因此锂离子电池的热释放速率和总热释放速率也越高。

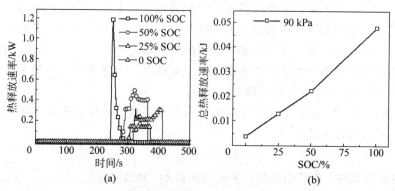

图 2.3-15　90 kPa 下不同荷电状态的锂离子电池的热释放速率和总热释放速率

图 2.3-16(a)和图 2.3-16(b)分别显示了 100% SOC 锂离子电池在四种气压下的热释放速率和总热释放速率。可以看出,随着气压的降低,电池的热释放速率和总热释放速率呈下降趋势。这主要是因为气压会改变空气中的氧气体积分数,进而影响火焰高度、烟气温度、火焰羽流温度,因此,气压越低,热释放速率和总热释放速率越低。

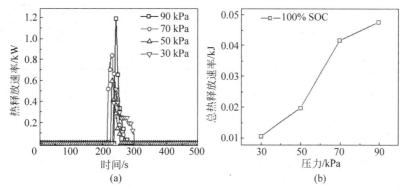

图 2.3-16　不同环境气压下 100% SOC 锂离子电池的热释放速率和总热释放速率

2. 锂电池热失控传播特性

本实验中 7 节电池分别编号 Ⅰ～Ⅶ,对应热电偶 T1～T7,如图 2.3-17 所示。通过对两种环境气压下各节锂电池温度曲线最高温度进行统计,得到数据如表 2.3-1 所示。可以得到,除 2 号电池外,30 kPa 环境气压下每节电池最高温度的平均值均低于 101 kPa 环境气压下的,即低气压环境下多节锂电池热失控及扩展过程中电池自身能达到的最高温度低于正常大气压 101 kPa 环境下的;相同之处为每组实验最高温度出现在中间Ⅲ号电池,即每组实验最高温度区域出现在 7 节电池的中间区域。

图 2.3-17　热失控扩展电池编号分布

表 2.3-1　电池组中各电池最高温度统计　　　　　　单位:℃

电池序号	30 kPa				101 kPa			
	1 次	2 次	3 次	均值	1 次	2 次	3 次	均值
Ⅰ	600	680	737	672	709	764	764	746
Ⅱ	724	742	740	735	760	703	738	733
Ⅲ	858	825	895	859	870	944	880	898
Ⅳ	631	733	645	700	778	722	783	761
Ⅴ	624	720	646	663	767	797	859	807
Ⅵ	711	768	739	739	801	772	762	779
Ⅶ	719	681	752	717	802	779	610	730

101 kPa 和 30 kPa 环境气压下多节锂电池热失控扩展顺序如表 2.3-2 所示,由表中数据可知,两种不同大气压力环境下扩展顺序基本一致。30 kPa 低气压环境下与 101 kPa 环境气压下热失控灾害在电池间以相同的蔓延规律进行扩展,低气压环境没有对电池间热失控灾害的蔓延及热量的传递产生影响。

表 2.3-2　热失控在电池间扩展蔓延规律

环 境 气 压	实　验	电池热失控扩展顺序
101 kPa	1	Ⅱ → Ⅰ → Ⅲ → Ⅳ → Ⅴ → Ⅵ → Ⅶ
	2	Ⅰ → Ⅱ → Ⅲ → Ⅴ → Ⅳ → Ⅵ → Ⅶ
	3	Ⅰ → Ⅱ → Ⅲ → Ⅳ → Ⅴ → Ⅵ → Ⅶ
30 kPa	1	Ⅰ → Ⅱ → Ⅲ → Ⅳ → Ⅴ → Ⅶ → Ⅵ
	2	Ⅰ → Ⅱ → Ⅲ → Ⅳ → Ⅵ → Ⅶ → Ⅴ
	3	Ⅱ → Ⅰ → Ⅲ → Ⅳ → Ⅴ → Ⅵ → Ⅶ

30 kPa 低气压环境下电池组的热失控扩展过程没有类似于正常大气压环境下的剧烈火行为,因此,没有爆燃等剧烈燃烧释放能量直接作用和火焰热辐射反馈作用,致使低气压下热失控扩展过程未加速,如表 2.3-2 所示。两种环境气压下热失控传播扩展事件统计,仍然主要以电池间接触式热传导方式传导热量,从而形成热失控的扩展蔓延,如图 2.3-18 所示。

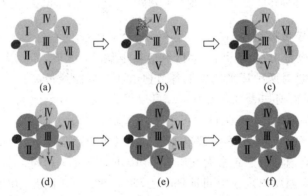

图 2.3-18　热失控扩展能量传递示意图

如图 2.3-19 所示,未发生热失控反应,电池接受热量的途径及电池间热量传递的方式主要有三种:①通过金属外壳电池间直接接触进行热传导,此方式为热量的主要传递途径,也是低温电池接受热量触发反应从而形成热失控扩展的最主要方式;②通过电池间隙的空气介质进行热量传导;③正极端形成的喷射燃烧火焰、爆炸以热辐射形式反馈热量。后两种方式的作用效果较弱,热量主要以电池间接触式热传导方式为主。

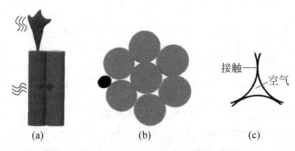

图 2.3-19　电池热失控能量释放示意图

在电池热失控扩展的过程中各个电池的温度在不断变化之中形成变化的温度场,不同区域温度不同,从而形成温度的梯度,有温度的梯度的存在,从而形成热量的传递传导。而温度梯度的大小就代表热量传导推动力的大小,可以通过下式计算:

$$dQ = -\lambda \cdot dA \cdot \frac{\partial t}{\partial x} \qquad (2.3\text{-}3)$$

式中,Q 为单位时间传导的热量,简称热传功率;A 为导热面积,即垂直于热流方向的表面积;λ 为物质的导热系数,正负符号表示热流方向;t 为温度;x 为温度梯度距离。

假设温度梯度距离 x 为定值 b,导热面积固定为 A,则有

$$dQ = -\lambda A \frac{\partial t}{b}$$

$$Q = -\lambda A \frac{T_{d+0} - T_0}{b} \qquad (2.3\text{-}4)$$

在接触面积和温度场分布已定情况下,温度差 ΔT 为热传导的推动力,温度差越大,热传导的推动力就越大,如下式所示:

$$Q = \frac{T_{d+0} - T_0}{\dfrac{1}{-\lambda A} b} = \frac{\Delta T}{R_{总}} \qquad (2.3\text{-}5)$$

式中,$R_{总}$ 为总热阻;$R_{总} = \dfrac{1}{-\lambda A} b$;$\Delta T = T_{d+0} - T_0$。

当热传导中间相隔多种传热介质时,如下式所示:

$$Q = \frac{\Delta T}{R_{总}} = \frac{T_{n+1} - T}{R_1 + R_2 + \cdots + R_n}$$

$$= \frac{T_{n+1} - T}{\dfrac{b_1}{-\lambda_1 A_1} + \dfrac{b_2}{-\lambda_2 A_2} + \cdots + \dfrac{b_n}{-\lambda_n A_n}} = \frac{T_{n+1} - T}{\sum\limits_{i=1}^{n} \dfrac{b_i}{-\lambda_i A_i}} \qquad (2.3\text{-}6)$$

可知在热传导过程中,总导热速率与中间介质有关,一方面与温度差带来的热传导推动力有关,另一方面与中间不同介质的热阻有关,总的热阻相当于各介质的热阻之和。电池是由多种复杂物质构成的,比如电池内部的电芯、金属外壳等。在热失控扩展实验过程中,热量在电池间的传递方式包括金属外壳的快速热传导及热辐射、空气介质的热传导等多种形式。然而电池金属外壳、空气等介质的导热速率不相同,电池内部物质及电池金属外壳等物质的导热速率 λ 与气压大小无关,接触式传导介质的总热阻不发生改变。因此,30 kPa 低气压环境下,通过金属外壳传递热量不受环境气压影响。空气密度在 30 kPa 低气压下变稀薄,真空度增加,从而导致空气介质导热速率和热阻均变大,低气压下通过空气介质传导的热量相对于 101 kPa 正常大气压环境下的会有所减小。

从电池上方正极端热电偶获取的数据可得,30 kPa 低气压环境下 7 节锂电池在整个热失控扩展实验中喷射出的物质的温度低于 101 kPa 环境气压下的。绘制温度曲线如图 2.3-20 所示。通过 800℃ 等温线和 1000℃ 等温线可知,101 kPa 环境气压下电池正极端喷射出口处温度曲线高温区面积大于 30 kPa 低气压环境下的,且每次最高温度均超过

1000℃；30 kPa 环境气压下 3 次实验最高温度均未超过 1000℃，且超过 800℃的温度曲线区域面积较小。

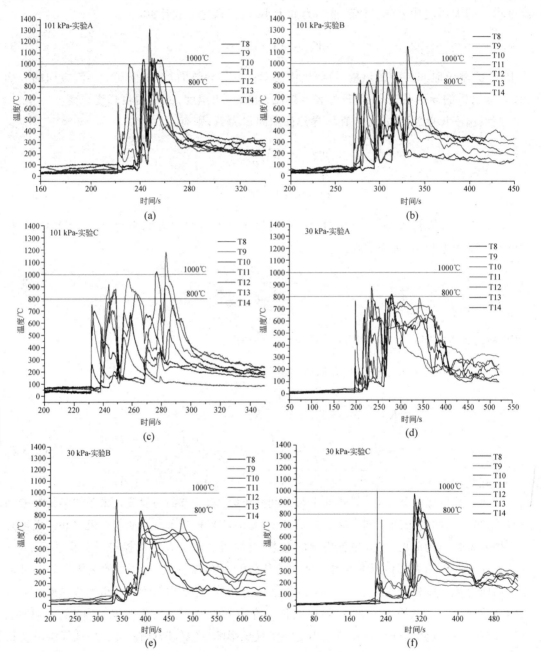

图 2.3-20　101 kPa 和 30 kPa 环境气压下电池正极端喷射出口温度曲线

3. 锂电池热失控释放气体特性

　　针对锂电池航空货运安全需求，在动压变温实验舱内搭建锂电池热失控实验平台，研究不同初始环境气压下锂电池热失控释放可燃烟气特性，对比分析池体温度、燃爆喷射气压、释放气体（CO、CO_2、$C_x H_y$）与燃爆后烟气体积分数等特性，分析航空运输环境下锂电池热失控机理。

在电池热失控过程中所产生的可燃气体（CO、C_xH_y 等）在高温环境中的氧化反应，都会生成大量 CO_2。锂离子电池燃烧不仅产生 CO、CO_2、碳氢化合物和 HF 等有毒有害气体，而且伴随着大量颗粒烟雾，会造成人体窒息、中毒等现象。实验过程中的 CO_2 体积分数曲线及烟气透光率数据曲线见图 2.3-21。

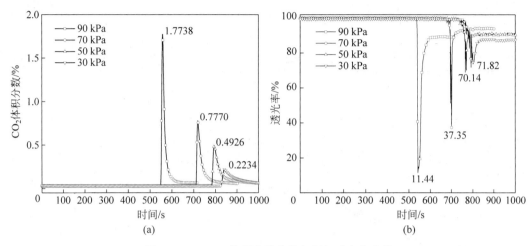

图 2.3-21 CO_2 体积分数曲线与烟气透光率曲线

（a）CO_2 体积分数；（b）烟气透光率

从图 2.3-21 可知，随着环境气压下降（90 kPa、70 kPa、50 kPa、30 kPa），CO_2 体积分数峰值相应地下降，最高体积分数依次降为 1.77%、0.78%、0.49% 和 0.22%。在 90 kPa、70 kPa 环境气压下，产生烟气颗粒物质较多，烟气管道的最低烟气透光率分别为 11.44% 和 37.35%，主要原因是，剧烈的热失控行为致使喷射释放能量和气体过程中会携带出大量固体粉尘颗粒（多为石墨、电极材料反应燃烧产物），然而在 50 kPa 和 30 kPa 较低环境气压下，烟气透光率相对较高，分别为 70.14% 和 71.82%，这表明烟气中颗粒物质相对减少。随着环境气压降低，释放气体中 CO、C_xH_y 等有毒/易燃爆气体比例增加，导致毒害性及潜在的燃爆危害性大幅增加，特别是在密闭空间内，如飞机货舱及客舱环境中，针对锂电池烟气的通风、抑爆措施及设计应予重点考虑。

图 2.3-22 为不同环境气压下锂电池热失控烟气及热释放参数。

4. 不同充放电倍率/次数下热失控特性

为验证不同低气压（95 kPa、60 kPa、20 kPa）环境下不同循环充放电次数、充电倍率条件下锂电池热失控现象，开展不同循环次数与倍率下不同环境气压条件下的锂电池热失控实验，其典型热失控过程如图 2.3-23 所示。随着环境气压由 95 kPa 减少至 20 kPa，电池热失控时间相应由 209 s 减少至 191 s。而且，随着环境气压降低，电池燃烧火焰及强度降低，但燃烧持续时间增加。

如图 2.3-24(a) 所示，未循环电池在 95 kPa 环境气压下热失控起始表面温度为 168℃，热失控最高表面温度为 668℃；而未循环电池在 20 kPa 环境气压下热失控起始表面温度为 135℃，热失控最高表面温度为 621℃。所以，20 kPa 环境气压下电池更易在热失控后着火，

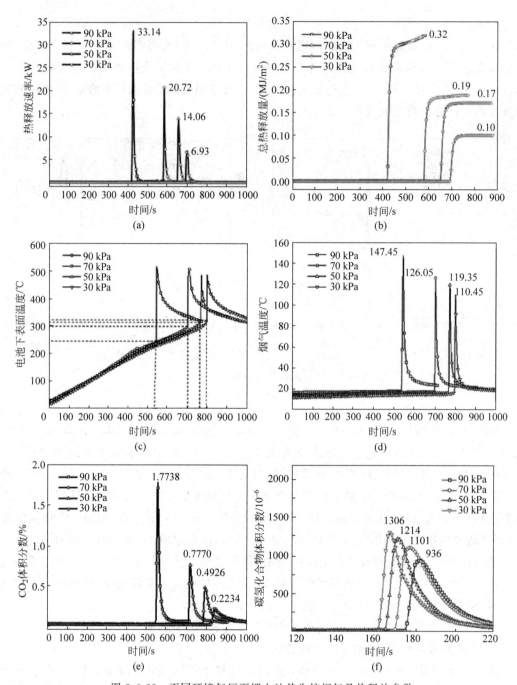

图 2.3-22　不同环境气压下锂电池热失控烟气及热释放参数

但热失控着火后燃烧产生的温度却更低。循环 60 次电池在不同环境气压下热失控表面温度同样如此。如图 2.3-24(c)所示,95 kPa 环境气压下热失控起始表面温度为 135℃,热失控最高表面温度为 512℃;而 20 kPa 环境气压下热失控起始表面温度为 79℃,最高表面温度为 487℃。以上结果表明,随着环境气压降低,不同循环次数的电池,其热失控起始表面温度和最高表面温度都表现出明显降低趋势。

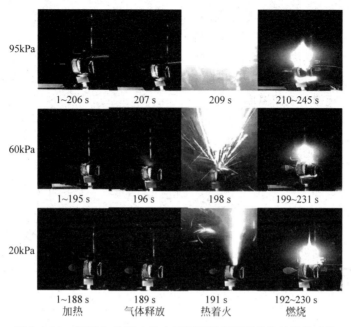

图 2.3-23 循环 60 次锂电池在不同环境气压下热失控图像变化

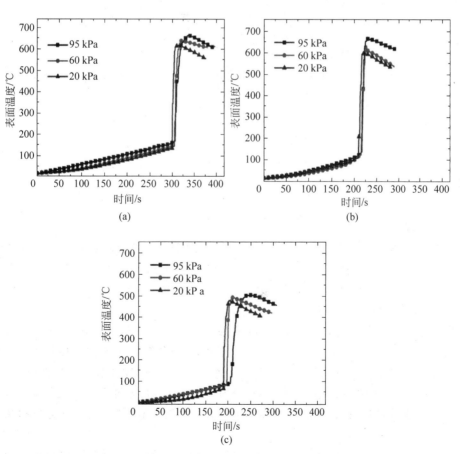

图 2.3-24 不同环境气压下不同循环次数锂电池热失控表面温度
（a）未循环电池；（b）循环 20 次电池；（c）循环 60 次电池

如图 2.3-25 所示,未循环电池在 95 kPa 环境气压下的热失控火焰温度最高达到 721℃,而在 20 kPa 环境气压下的热失控火焰温度最高为 522℃;循环 60 次锂电池在 95 kPa 环境气压下的热失控火焰温度最高为 521℃,而在 20 kPa 环境气压下的热失控火焰温度最高仅为 302℃。以上结果表明,随着环境气压降低,锂电池热失控火焰温度明显下降,其变化趋势和规律与表面温度一致。

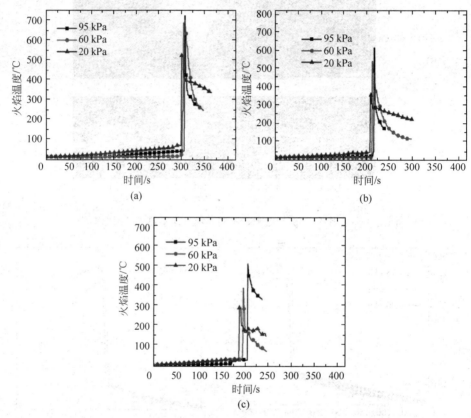

图 2.3-25 不同环境气压下不同循环次数锂电池热失控火焰温度
(a) 未循环电池;(b) 循环 20 次电池;(c) 循环 60 次电池

随着循环次数由 0 次提高到 60 次,热失控现象如图 2.3-26 所示,电池气体释放时间由 301 s 缩短至 208 s,而电池热失控开始着火时间由 308 s 缩短至 209 s,燃烧持续时间由 25 s 增加至 43 s。以上结果表明,随着锂电池循环次数提高,锂电池热失控开始着火时间提前,锂电池热失控着火后的燃烧持续时间增加。

如图 2.3-27(a)所示,随着循环次数增加,电池热失控起始表面温度由 168℃降至 135℃,最高表面温度由 668℃降为 512℃。随着循环次数增多,电池热失控起始表面温度和最高表面温度降低。这主要是因为,随着锂电池循环次数增加,电池 SEI 膜增厚,进而导致电池安全性降低。如图 2.3-27(b)所示,随着循环次数增加,电池热失控火焰温度由 721℃降至 521℃。随着循环次数增加,锂电池热失控火焰温度明显下降,其变化趋势和规律与表面温度一致。

如图 2.3-28(a)所示,对于未循环电池,电压在降到 0 V 之前呈现明显的平台。电压在热失控着火之前有明显的变化,而这一变化时间比气体释放时间提前 38 s。这表明,通过电

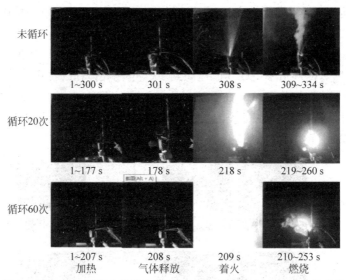

图 2.3-26 不同循环次数锂电池在 95 kPa 环境气压下的热失控现象

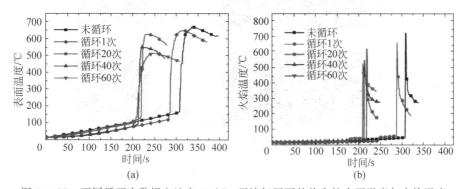

图 2.3-27 不同循环次数锂电池在 95 kPa 环境气压下的热失控表面温度与火焰温度

压的监测可以更早发现热失控。当循环次数达到 20 次时,电压直接降为 0 V,电阻直接升至最大值,没有缓慢变化期。从图 2.3-28(b)可以看出,电阻的变化与电压同步。对于未循环锂电池,当电压降至 1.6 V 时,电阻明显地增加到 81 Ω,然后当电压降到约 0 V 时,电阻达到最大值 242 Ω。对于循环次数达到 20 次的电池,直到电压突然降到 0 V,电阻才突然上升。

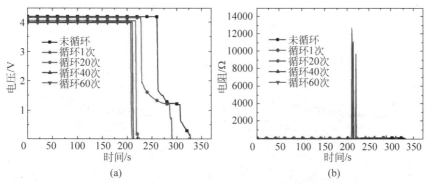

图 2.3-28 不同循环次数锂电池在 95 kPa 环境气压下的热失控电压和电阻
（a）电压；（b）电阻

此外,未循环电池热失控峰值电阻为 242 Ω,而循环 60 次电池热失控峰值电阻为 12703 Ω。以上结果表明,随着循环次数增加,电池热失控峰值电阻增大。

经过实验研究发现,不同倍率循环后的锂电池在热失控现象上存在一定的差异性,如图 2.3-29 所示,随着循环倍率由 0.5 C 提高到 2 C,电池气体释放时间由 198 s 减少至 174 s,电池热失控开始着火时间由 226 s 缩短至 175 s,电池冒烟时间由 28 s 减少至 1 s。以上结果表明,随着锂电池循环倍率提高,锂电池气体释放时间缩短,电池热失控开始着火时间提前,电池着火前冒烟持续时间缩短。

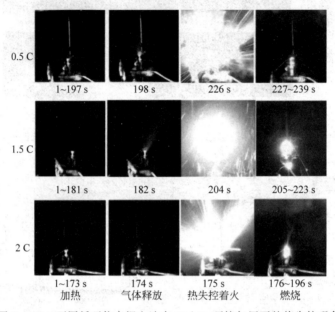

图 2.3-29 不同循环倍率锂电池在 95 kPa 环境气压下的热失控现象

如图 2.3-30(a)所示,随着循环倍率由 0.5 C 提高到 2 C,电池热失控起始表面温度由 139℃减至 111℃,最高表面温度由 634℃降至 541℃。以上结果表明,随着锂电池循环倍率提高,锂电池热失控时的起始表面温度和最高表面温度降低。如图 2.3-30(b)所示,随着循环倍率由 0.5 C 提高到 2 C,热失控火焰温度由 574℃降至 514℃。以上结果表明,随着循环倍率的增加,锂电池热失控火焰温度明显降低,且其变化趋势和规律与表面温度一致。

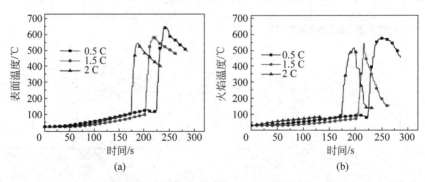

图 2.3-30 不同循环倍率锂电池在 95 kPa 环境气压下的热失控表面温度与热失控火焰温度

在 95 kPa 环境气压下,不同循环倍率锂电池热失控电阻与电压的关系如图 2.3-31 所示,循环倍率 0.5 C 的锂电池在电压下降过程中呈现出明显的电压平台,而循环倍率 1.5 C 及 2.0 C 的电池无明显的电压平台过渡。因此,低倍率循环锂电池热失控过程中电阻和电压较早地发生变化,且持续时间较长,而较高倍率循环锂电池电阻和电压变化迅速,同时锂电池循环倍率越高,热失控过程达到的最高电阻越大。

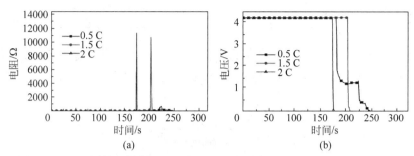

图 2.3-31 不同循环倍率锂电池在 95 kPa 环境气压下的热失控电阻与电压

基于上述研究,得到以下 4 点结论:①锂电池在低气压环境下热失控的扩展过程多以冒烟、喷射火星、快速释放气体为主,在较高气压环境下锂电池热失控始终伴随着剧烈的喷射燃烧、射流火、爆燃等火行为。此外,锂电池热失控表面温度及火焰温度随锂电池荷电状态升高而升高,随环境气压增大而增大;热释放速率随荷电状态升高而升高,随环境气压增大而变大。②热失控扩展蔓延时间在低气压环境下相对于正常大气压环境下较长。低气压环境下无类似于正常大气压环境下的爆燃、喷射燃烧、射流火,进而减少对电池的热辐射、热传导,导致扩展蔓延比 101 kPa 环境气压下的慢。正常大气压环境下的热失控反应较为剧烈、释放能量较多,危害性较大,产生火灾、高温等危害性要远高于 30 kPa 环境气压下的。③低气压环境下释放气体中 CO_2 生成量降低,但 CO、C_xH_y 气体等有毒易燃爆气体增加,导致毒害性及潜在的燃爆危险性大幅增加,特别是在密闭空间内,如飞机货舱及客舱环境中,针对锂电池烟气的通风、抑爆措施及设计应予重点考虑。④在循环老化研究中,循环次数与循环倍率的增加会降低热失控起始温度和时间。随循环次数或循环倍率的增加,热失控起始温度和时间的差异会越加明显。对电池进行电压监测比烟雾监测可更早预知电池热失控。

2.3.3 飞机舱内典型内饰材料的火行为

由于航空运输情况下飞机舱内气压处于低气压条件,并且我国存在大量的高高原机场,因此需要确定飞机在这一异于正常大气压环境下的火灾安全。飞机上存在大量可燃内饰织物,燃烧发生时会产生大量的烟雾并释放出毒性气体,危害机上人员的财产及生命安全。通过对固体材料在低气压条件下的燃烧特性研究发现,材料在低气压条件下的燃烧特性与正常大气压条件下有很大的差异。飞机舱内装饰材料是固体材料的一种,有必要对其燃烧特性进行研究。实验选取了航空地毯与飞机座椅套为试样,分别在常、低气压环境下展开,主要探讨了气压对试样烟密度、烟气组分及点燃时间的影响,并利用有效剂量(fractional effective dose,FED)失能模型对 CO 的毒性等级进行了评价。另外,在低气压条件下改变 O_2 体积分数及气体流量来研究试样的燃烧长度、燃烧时间及质量损失率的变化。

本节选择在位于康定机场的高高原航空安全实验室及位于广汉中国民用航空飞行学院的民机火灾科学与安全工程四川省重点实验室进行实地实验,实验工况如表 2.3-3 所示。

表 2.3-3 机舱内饰材料对比实验工况

实 验 地 点	海拔/m	环境气压/kPa	实验温度/℃
四川广汉	520	96	15
康定机场	4290	61	15

(1) 烟密度及烟气成分实验测试平台。为研究气压对航空地毯与飞机座椅套的烟密度、烟气特性的影响,自行设计了烟密度与烟气成分测试一体化平台,如图 2.3-32 所示。

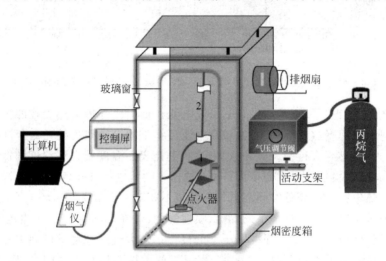

1—试样支架;2—抽气软管固定支架。
图 2.3-32 烟密度与烟气成分测试平台

(2) 恒温辐射燃烧实验平台。为研究低气压条件对航空地毯、飞机座椅套点燃时间的影响,自行设计外部热辐射燃烧实验平台,如图 2.3-33 所示。

(3) 变氧体积分数及变气体流量测试平台。为了测定飞机座椅套的燃烧长度、燃烧时间及质量损失速率,搭建变氧体积分数及变气体流量测试平台,如图 2.3-34 所示。

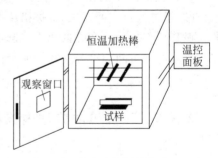

图 2.3-33 恒温热辐射燃烧实验平台

1. 燃烧烟气特征

1) 烟密度分析

烟密度是可表征烟气颗粒相和冷凝相组分光学特性的物理量,其与火场能见度、照明亮度衰减、火灾探测时间及可燃物火灾风险性间存在关联,反映了烟气的光透过率大小。

图 2.3-35 和图 2.3-36 分别给出了航空地毯与飞机座椅套在正常大气压与低气压环境下随着燃烧的进行其烟密度值的变化曲线。可以看出,低气压环境对航空地毯与飞机座椅套烟密度有较大影响。在正常大气压环境下,两种试样的烟密度在 4 min 的测试时间内都呈现先增大后减小的趋势,航空地毯烟密度值于 1.25 min 左右达到最大值 35.01%,飞机

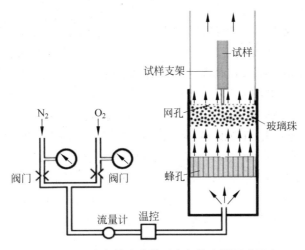

图 2.3-34　变氧体积分数及变气体流量测试平台

座椅套于 0.5 min 左右达到最大值 45.63％。在低气压环境下，两种试样的烟密度都是先增大，后维持在较大值附近变化，航空地毯在 1.25 min 左右达到最大值 66.77％，飞机座椅套在 1.5 min 左右达到最大值 71.57％。虽然两种材料烟密度具体变化值有所不同，但是可以看出，无论是航空地毯还是飞机座椅套其烟密度在正常大气压与低气压下的变化趋势都是相同的。

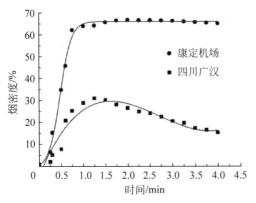

图 2.3-35　航空地毯烟密度变化

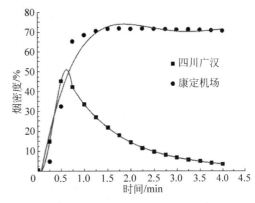

图 2.3-36　飞机座椅套烟密度变化

在正常大气压条件下，对试样持续施加火焰 4 min 的过程中，由于氧分压大，氧分子数较多，试样充分燃烧，飞机座椅套与航空地毯分别在 0.5 min 和 1.25 min 左右燃烧反应基本完全，不再继续产生烟尘。在低气压条件下，氧分压小，燃烧过程中的氧分子数较少，试样热解产生的热解气体不能够充分与 O_2 结合，并且燃烧器本身在不断地消耗箱内的 O_2，从而导致试样的有焰燃烧在很短的时间内就基本结束了。随后转为阴燃，由于燃烧器火焰在不断地对试样进行加热，材料继续不断地裂解产生大量的烟颗粒。阴燃火烟颗粒的形成包含一系列的热解反应，烟颗粒中主要包含一些有机大分子。航空地毯与飞机座椅套本身就添加了阻燃剂，在不断加热的过程中会产生较重的高分子组分，并形成薄雾。这个过程在 1.25 min 左右开始趋于稳定，表明箱内烟气的弥散程度基本均匀。

2) 烟气成分分析

飞机舱内环境比较狭窄且空间封闭,在较小的火灾场景下都有可能导致 O_2 体积分数的明显下降及有毒气体 CO 含量的上升。经实验研究发现,低气压环境会导致材料在燃烧的过程中,对其周围环境中的 O_2 体积分数、CO 体积分数及 CO_2 体积分数的影响呈现出不同于正常大气压环境下的明显变化。

图 2.3-37 和图 2.3-38 显示,航空地毯与飞机座椅套在燃烧的过程中,在四川广汉和康定机场两种环境气压下燃烧箱内的 O_2 体积分数均呈现先下降后上升的趋势,在 4 min 时 O_2 体积分数的值达到最低,低气压环境下的值更低,O_2 体积分数值为 5.1% 和 4.9%,分别是正常大气压条件下最小值的 63.8% 和 54.4%。原因同样是,低气压条件下氧分压较低,氧分子数较少,燃烧耗氧速率高于正常大气压下的。燃烧进行到 4 min 时,由于燃烧器的关闭,燃烧停止,燃烧箱外部环境中的新鲜 O_2 从底部不断补充进来,此后燃烧箱内的 O_2 体积分数不断增加。

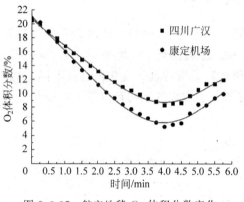

图 2.3-37 航空地毯 O_2 体积分数变化

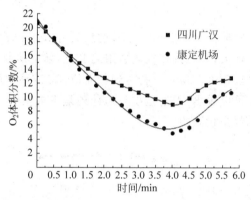

图 2.3-38 飞机座椅套 O_2 体积分数变化

图 2.3-39 和图 2.3-40 反映了 CO_2 体积分数的变化趋势,它们先增大,后逐渐减小,与 O_2 体积分数的变化趋势正好相反。燃烧至 4 min 时,两种气压条件下航空地毯与飞机座椅套 CO_2 体积分数的值均达到最大,但低气压下的值更大,分别为 9.8% 和 9.9%。

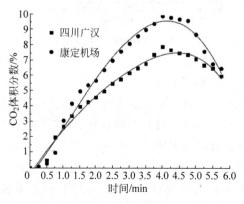

图 2.3-39 航空地毯 CO_2 体积分数变化

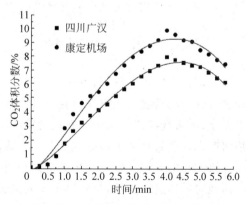

图 2.3-40 飞机座椅套 CO_2 体积分数变化

从图 2.3-41 和图 2.3-42 可知，在 0～4 min 内持续对航空地毯与飞机座椅套施加火焰的过程中，低气压条件下 CO 的生成量要小于正常大气压下的，在 4 min 时趋于相同，随着点火器的关闭，4 min 之后 CO 的生成量急剧增加，在 4.75 min 左右达到最大值，分别为 1733×10^{-6} 和 2945×10^{-6}，之后又开始逐渐下降。而正常大气压条件下，CO 的体积分数先增加，后缓慢减小，4.75 min 左右出现最大值 252×10^{-6} 和 137×10^{-6}，之后开始逐渐减小。

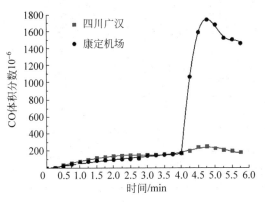

图 2.3-41 航空地毯 CO 体积分数变化   图 2.3-42 飞机座椅套 CO 体积分数变化

根据前人的研究结果可知，多孔固体材料燃烧过程中裂解气体的流动速率由 Darcy's law 来描述，如下式所示：

$$u=-\frac{k_{\mathrm{D}}}{\mu}\frac{\mathrm{d}p}{\mathrm{d}x}\tag{2.3-7}$$

其中，u 为裂解气体流动速率；k_{D} 为达西系数；μ 为气体黏性系数；p 为环境气压；x 为裂解气体从材料内部扩散至材料表面的距离。

多孔固体材料燃烧时裂解气体在材料内部的流动速率与气压梯度成正比。环境气压的降低导致材料内外气压梯度增大，裂解气体流速增大。因此，在 O_2 体积分数足以支持可燃物燃烧时，航空地毯与飞机座椅套燃烧质量损失速率随环境气压的降低而增大，即航空地毯和飞机座椅套在低气压环境下燃烧得更加充分，燃烧产物中 CO_2 含量较高而 CO 含量较低，这也就解释了低气压环境下在 0～4 min 内航空地毯与飞机座椅套的 CO 生成量相对小于正常大气压环境下的。而燃烧进行至 4 min 后，正常大气压下航空地毯与飞机座椅套的燃烧反应基本结束，可燃性物质都裂解完毕，不再产生新的 CO_2，随之 CO 的产生速率也大幅降低。因此，随着新鲜空气的不断补充，CO_2 体积分数下降，而 CO 体积分数在略微上升后开始下降。低气压环境下的氧分压较低且下降速度快，难以支持试样燃烧完全。因此在 4 min 关闭燃烧器后，燃烧残留物仍然在进行阴燃，导致短时间内 CO 的含量有一个急剧的升高阶段；随着材料表面温度的下降，在燃烧进行至 4.75 min 时阴燃结束，并且随着外部空气不断进入燃烧箱，箱内的气体不断被置换出去，CO 含量开始逐渐下降。

3）烟气毒性分析

要计算航空地毯与飞机座椅套在正常大气压与低气压环境下燃烧时，其 CO 体积分数随时间增加对人体失能情况的影响，则需知道在给定的时间内，环境中可测量 CO 体积分数的值。在相对保守的计算情况下，选取测定时间内暴露环境中 CO 的最大体积分数值作为平均值，对 FED 的值进行计算，以下为 5 min 内 FED 值计算结果。

表 2.3-4 和表 2.3-5 反映了航空地毯和飞机座椅套在不同燃烧时间时 CO 体积分数、FED 值和毒性等级。

表 2.3-4 航空地毯毒性评价

环境气压/kPa	燃烧时间/min	CO 体积分数/10^{-6}	FED 值	毒性等级
61.0	1	64	0.0032	安全
	2	98	0.0102	安全
	3	145	0.0226	安全
	4	885	0.1839	次安全
	5	1546	0.4016	危险
94.6	1	80	0.0042	安全
	2	140	0.0145	安全
	3	155	0.0242	安全
	4	177	0.0368	安全
	5	230	0.0597	安全

表 2.3-5 飞机座椅套毒性评价

环境气压/kPa	燃烧时间/min	CO 体积分数/10^{-6}	FED 值	毒性等级
61.0	1	256	0.0133	安全
	2	387	0.0402	安全
	3	443	0.0690	安全
	4	2075	0.4312	危险
	5	2504	0.6504	危险
94.6	1	101	0.0053	安全
	2	133	0.0138	安全
	3	118	0.0184	安全
	4	106	0.0220	安全
	5	122	0.0317	安全

从表 2.3-4 和表 2.3-5 可以看出，在 0～5 min 内，96 kPa 环境气压下航空地毯与飞机座椅套的 FED 值都在 0.1 以下，毒性等级都属于安全级别。而 61 kPa 环境气压下试样均在 4 min 和 5 min 时 FED 值大于 0.1，毒性等级处于危险级别。可见，相同时间内航空地毯与飞机座椅套在低气压火灾场景下所释放的毒性气体体积分数远远大于正常大气压条件下的测量值。

2. 恒温辐射燃烧实验

1）点燃时间分析

在固体材料燃烧特性的研究中，点燃时间是一个重要的研究参数。有关研究表明，在预防和控制火灾的过程中，点燃时间的长短直接影响着人员的逃生与消防救援的决策选择。本节中点燃时间指的是固体材料表面受到热辐射到出现明火的阶段。固体材料在燃烧的过程中涉及一系列复杂的物理-化学机理，而且内部及外部的影响因素众多，在不同的条件下同一材料的点燃时间会出现很大的差异。实验过程中对航空地毯与飞机座椅套的点燃时间进行录像,以便更加准确地测量不同气压下的点燃时间,从而研究气压对飞机内饰材料点燃时间的影响,并分析其内在的影响机理。

图 2.3-43 和图 2.3-44 分别为 96 kPa 和 61 kPa 气压下不同外部热辐射温度对航空地毯与飞机座椅套点燃时间的影响。在两种气压工况下,试样的点燃时间随着外部热辐射温度的不断增加而逐渐减小,且最终趋于一致。当外部热辐射温度在 500~700℃ 之间时,61 kPa 气压下航空地毯与飞机座椅套的点燃时间要小于 96 kPa 气压下的。如热辐射温度为 500℃ 时,61 kPa 气压条件下航空地毯的平均点燃时间(24.41 s)仅为 96 kPa 气压下平均点燃时间(42.53 s)的 57.4%;61 kPa 气压时飞机座椅套的平均点燃时间(30.85 s)为 96 kPa 气压下平均点燃时间(40.92 s)的 75.4%。在较高的热辐射温度(1000℃)时,两种气压条件下试样的点燃时间几乎相等。可见,在相对较低的外部热辐射温度下,气压对材料的点燃时间占主导作用。另外,气压对材料点燃时间的影响会随着外部热辐射温度的升高而逐渐减弱。所以,气压变化确实能够影响飞机内饰材料的点燃时间。

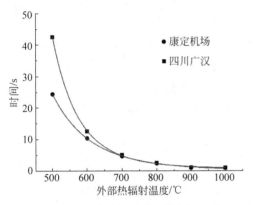

图 2.3-43　不同气压下外部热辐射对
航空地毯点燃时间的影响

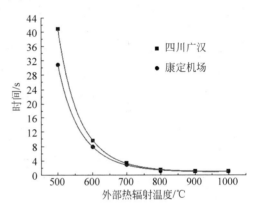

图 2.3-44　不同气压下外部热辐射对飞机
座椅套点燃时间的影响

固体材料从接触外部热辐射开始到表面出现明火,这一过程涉及复杂的物理-化学反应原理,可以简化为三个阶段:①材料表面被加热到足够热解的温度;②产生裂解气体并与氧化剂结合形成可燃预混气体;③材料表面温度的进一步升高使得这个气相过程热失控,从而材料被点燃。为维持火焰的存在,材料表面需不断地产生热解气体,达到材料点燃的热释放速率要大于固体表面的热损失速率。固体材料的热解与温度有着紧密的联系,因为温度会影响固体材料的质量损失速率,由阿伦尼乌斯方程式可知:

$$\dot{m} = A_\rho \rho \int_0^l \mathrm{exp}(-E_p/RT)\mathrm{d}x \qquad (2.3\text{-}8)$$

其中,A_ρ 为指前因子;ρ 为固体材料的密度;E_p 为活化能;T 为固体的温度;l 为固体材料的厚度。

在指前因子与活化能足够大时,固体材料的质量损失速率会与温度呈现一个正相关的关系,从而在较高外部热辐射温度的情况下,常、低气压下材料的点燃时间均变短。本实验在自然对流的状态下进行,对流换热系数公式可简化为下式:

$$h \propto Gr^{1/4}Pr^{1/4} \qquad (2.3\text{-}9)$$

式中,Pr 为普朗特数;Gr 为格拉晓夫数。

而 Gr 与环境气压的关系式为

$$Gr = \frac{\rho^2 \beta g L^3 \Delta T}{\mu} \Rightarrow Gr \propto p^2 \qquad (2.3\text{-}10)$$

将氧化剂假设成理想气体，Gr 则与气压的平方成正比。可见，对流换热系数与 p 的平方根成正比，故气压大小的变化在一定程度内影响着固体材料的对流换热系数，则气压减小时固体材料的热损失减小，表面温度升高，这只能用来解释较低外部热辐射温度的情况。因为随着外部热辐射温度的升高，试样表面的温升速度加快，使得达到材料着火所需临界温度的时间缩短，这就会导致气压在这一过程中的影响变得不再明显。

点燃时间的近似解析表达式可以看成裂解时间和化学反应时间的总和。在标准大气压环境下，可燃气的预混时间很短，可以忽略不计，那么点燃时间可表示为下式：

$$t_{ig} = \frac{\pi}{4} \frac{k \rho c_p (T_{ig} - T_0)^2}{[\dot{q}''_e - h(T_{ig} - T_0)]^2} - \frac{c_1 \chi}{u_\infty} \ln\left(1 - \frac{\Gamma}{\Delta_x}\right) \qquad (2.3\text{-}11)$$

其中，k 为导热系数；ρ 为材料的密度；c_p 为比热容；T_{ig} 为固体点燃表面温度；T_0 为初始温度；$\dot{q}''_e$ 为外部热通量；h 为辐射和对流传热过程中的对流换热系数；c_1 为不变量；$\dfrac{c_1 \chi}{u_\infty}$ 为气流流过时间；Γ 为点燃临界达姆科勒数；Δ_x 为达姆科勒特征数。

因此，在较低热辐射温度下，气压减小时，临界表面点燃温度 T_{ig} 变小，h 减小，由式（2.3-11）可知，航空地毯与飞机座椅套的点燃时间在低气压下要小于正常大气压下的。

2）最低外部热辐射点燃温度与极限点燃温度

由于航空地毯与飞机座椅套的最低外部热辐射点燃温度和极限外部热辐射点燃温度实验没有通用的实验方法，故本节自行设计实验，最低外部热辐射点燃温度是指试样在该外部热辐射温度下刚好被点燃（而不是指点燃时试样的表面温度），且在此温度的基础上减小 5℃时试样 900 s 不燃，增加 5℃时试样能被点燃。极限外部热辐射点燃温度是指外部热辐射温度的增加不会影响试样的点燃时间。

图 2.3-45 和图 2.3-46 显示，航空地毯与飞机座椅套在 61 kPa 气压下的最低外部热辐射点燃温度均高于 96 kPa 气压下的。航空地毯在 61 kPa 气压下的最低外部热辐射点燃温度为 480℃，在 96 kPa 气压下的温度为 460℃。飞机座椅套在 61 kPa 气压下的最低点燃温度为 480℃，在 96 kPa 气压下的最低点燃温度为 430℃。

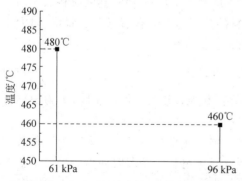

图 2.3-45　航空地毯在不同气压下点燃
时最低外部热辐射温度

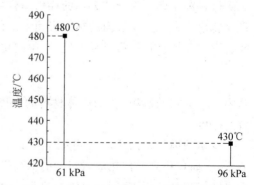

图 2.3-46　飞机座椅套在不同气压下点燃
时最低外部热辐射温度

表 2.3-6 给出了航空地毯与飞机座椅套的极限点燃温度。可以看出,在 61 kPa 及 96 kPa 气压下,当外部热辐射温度高于 900℃时,试样的点燃时间不再发生很大的变化,基本都在 1 s 左右点燃。

表 2.3-6　航空地毯和飞机座椅套在不同气压和极限外部热辐射温度下的点燃时间

单位: s

温度/℃	航空地毯		飞机座椅套	
	61 kPa	96 kPa	61 kPa	96 kPa
800	2.45	2.63	1.11	1.55
900	1.12	1.16	1.11	1.12
1000	1.09	1.11	1.08	1.12
1100	1.10	1.12	1.09	1.11

3. 变氧体积分数及变气体流量测试

飞机在运行过程中其舱内环境与平原环境下的有较大的不同,特别是在紧急情况下出现舱内 O_2 体积分数的变化或者气流速度的变化,这就可能导致此特殊环境下的舱内火灾防治较正常大气压下的有所不同,因此探讨多参数变化情况下的飞机舱内织物燃烧特性有很大的现实意义。

1) 变氧体积分数下的燃烧特性

图 2.3-47 与图 2.3-48 给出了两种气压条件下飞机座椅套在不同 O_2 体积分数下的燃烧时间及燃烧长度变化曲线。可以发现,在两个不同的气压工况下,随着 O_2 体积分数的增加,试样的燃烧时间和燃烧长度均变大,正常大气压环境下试样的燃烧时间和燃烧长度对 O_2 体积分数的变化更加敏感,而低气压环境下需要在 O_2 体积分数有一个较大的提高时,试样的燃烧时间和燃烧长度才会出现明显的变化。正常大气压环境下试样开始燃烧的 O_2 体积分数在 24% 左右,低气压环境下试样开始燃烧的 O_2 体积分数在 32% 左右,两种气压环境下这一值相差 8% 左右。当试样的燃烧长度刚好达到 50 mm 左右时,正常大气压条件与低气压条件下的 O_2 体积分数分别达到了 35% 和 47%,并且在燃烧相同长度(50 mm)时,正常大气压与低气压条件下的燃烧时间分别为 47.50 s 和 62.57 s,明显可以看出,正常大气压条件下的燃烧时间较短,燃烧速率较快。

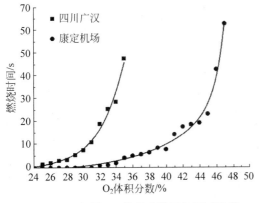

图 2.3-47　相同 O_2 体积分数下气压对飞机
座椅套燃烧时间的影响

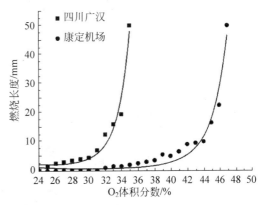

图 2.3-48　相同 O_2 体积分数下气压对飞机
座椅套燃烧长度的影响

对上述现象进行分析可知,通过改变 O_2 体积分数的大小可以增加低气压环境下试样的火焰蔓延时间和长度。但是,从相同条件的情况来看,低气压环境下的燃烧速率要明显小于正常大气压环境下的,这是因为在维持火焰持续蔓延的过程中,需要源源不断地提供大量的氧分子来扩散到试样的火焰表面层,并从外部穿过火焰到达表层,与试样裂解产生的可燃性挥发物在相对较小的体积内反应。然而低气压条件下本身的氧分压就很小,不能够为火焰的持续传播提供大量的氧分子数,这就导致了燃烧速率的下降。火焰一旦不能够持续维持下去,那么燃烧产生的火焰就不能够作为热源来分解固体可燃物和点燃可燃性挥发物。在低气压条件下,材料表面火焰的体积会增大,内外压差也会变大,对于单位体积内较小的分子数来说,更加难于穿透火焰层,进入试样的表面,这样就会慢慢阻止火焰的蔓延,进一步导致固体可燃物受热分解产生的可燃性挥发物分子减少,从而影响了低气压条件下相同 O_2 体积分数时飞机座椅套燃烧的时间和长度。

2) 变氧体积分数下的质量损失率

为进一步说明低气压下不同 O_2 体积分数时飞机座椅套的燃烧特性,图 2.3-49～图 2.3-51 分别给出了试样在不同对比情况下的质量损失率变化趋势图。

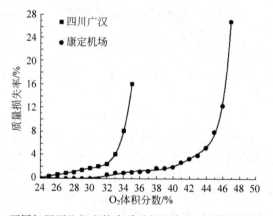

图 2.3-49 不同气压下飞机座椅套质量损失率与 O_2 体积分数变化的关系

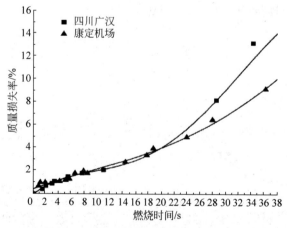

图 2.3-50 相同燃烧时间下气压对飞机座椅套质量损失率的影响

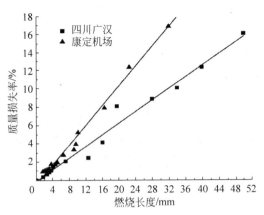

图 2.3-51　相同燃烧长度下气压对飞机座椅套质量损失率的影响

从图 2.3-49 可以看出,随着 O_2 体积分数的不断增加,正常大气压与低气压下飞机座椅套的质量损失率都在不断地增加,且都在一个缓慢的增加之后出现急剧的陡升。在控制同样的 O_2 体积分数时,可以看出,低气压下试样的质量损失率较小,这也与前面燃烧时间和燃烧长度的结论相一致。在正常大气压下质量损失率出现陡升所需的 O_2 体积分数相对来说比低气压下的更小,如 O_2 体积分数为 32% 时,正常大气压下试样的质量损失率为 2.5%,比低气压下试样的质量损失率(0.7%)高 1.8%;而 O_2 体积分数为 35% 时,正常大气压下试样的质量损失率为 16.2%,比低气压下试样的质量损失率(1.1%)高 15.1%。低气压下试样的质量损失率开始出现陡升时,其 O_2 体积分数的值为 44% 左右,且有和正常大气压下的变化曲线平行的趋势。

图 2.3-50 显示了飞机座椅套的质量损失率随燃烧时间的变化情况。从前 18 s 的变化曲线可知,两种气压下试样质量损失率的变化曲线几乎重合且都 ≤4%。但是,从 18 s 之后两种气压下的质量损失率开始慢慢出现差异性,即随着燃烧时间的增大,低气压下试样的质量损失率与正常大气压下试样的质量损失率差值变大。

当不考虑 O_2 体积分数这一变化量时,图 2.3-51 显示了随着燃烧长度的增加试样的质量损失率的变化曲线。可以看出,常、低气压条件下随着燃烧长度的变化试样的质量损失率与燃烧长度呈现一个线性变化的关系。但是可以明显地看出,在同一燃烧长度下,反而低气压下试样的质量损失率会更大,而且随着长度的不断增加两种条件下的质量损失率差值不断增加。为了更进一步讨论质量损失率的变化情况,图 2.3-52 给出了燃烧时间与燃烧长度之间的变化关系。随着燃烧长度的增加,低气压条件下需要更长的燃烧时间,即

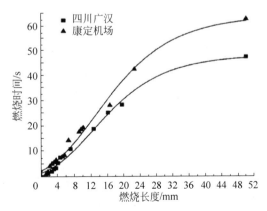

图 2.3-52　燃烧长度与燃烧时间的关系

同一长度下需要的时间更长,这也说明了,在低气压条件下试样燃烧相同长度时,燃烧反应的时间维持得更长,自然得出质量损失率在低气压下更大的结果。

3）变气体流量下的燃烧特性

在低气压条件下对试样的燃烧时间与燃烧长度进行测量，可以看出，气体流量的变化对飞机座椅套材料的火焰传播边界有较大的影响。

如图 2.3-53 所示，低气压条件下，在保持外界气体 O_2 体积分数分别为 30%、35% 和 40% 时，试样的燃烧时间随着气体流量的增大（从 5 L/min 到 10 L/min，再到 15 L/min）而不断减小。在 O_2 体积分数为 40% 的环境下，当气体流量从 10 L/min 增大到 15 L/min 时，对材料的吹熄作用更加明显，燃烧时间的变化幅度更大。在 O_2 体积分数为 30% 的环境下，当气体流量为 15 L/min 时，材料无法进行火焰的传播，但将气体流量逐渐减小到 5 L/min，发现材料能够维持一段时间的火焰传播。可见，在一定的气体流量变化范围内，通过改变气体流量可以控制材料的火焰传播边界。

从图 2.3-54 的实验数据可知，低气压条件下，随着气体流量的变化，试样燃烧长度的变化与燃烧时间的变化情况呈现一致的规律。说明在低气压条件下，热薄材料的火焰传播仍然符合随着气体流量的增大而减小的规律，与气压的变化无关。

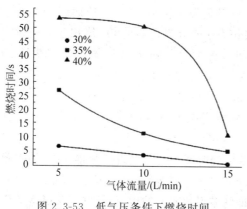

图 2.3-53　低气压条件下燃烧时间
随气体流量的变化

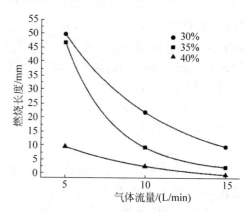

图 2.3-54　低气压条件下燃烧长度
随气体流量的变化

图 2.3-55 和图 2.3-56 分别给出常、低气压条件下飞机座椅套燃烧时间与燃烧长度随气体流量的变化情况。两种气压条件下，试样的燃烧时间和燃烧长度都随着气体流量的增大而减小；在保持同一气体流量不变的情况下，低气压下的测量值始终小于正常大气压下的。在一定气体流量的变化范围内，随着气体流量的增大，低气压下试样的自熄性效果更加明显，如 15 L/min 的气体流量时，低气压下试样完全不燃，燃烧时间与长度的值都为 0。正常大气压下虽然火焰传播的效果减弱了，但依然存在明火。

4）变气体流量下的质量损失率

质量损失率反映了试样在燃烧时与可燃气的混合程度，与燃烧的条件有关，且和热释放率的变化有关。

图 2.3-57 给出了试样在低气压条件下改变气体流量时，其质量损失率的变化情况。可以看出，在控制相同 O_2 体积分数的情况下，随着气体流量的增大，试样的质量损失率逐渐减小。在 O_2 体积分数较大的情况下，气体流量的改变会引起质量损失率的大幅变化。在 O_2 体积分数较小的时候，气体流量的改变不会引起材料的质量损失率发生较大变化。

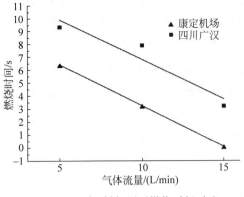

图 2.3-55 常、低气压下燃烧时间对比

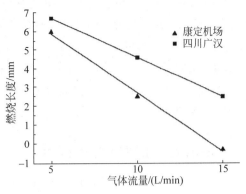

图 2.3-56 常、低气压下燃烧长度对比

根据图 2.3-58 的变化趋势可知,无论是气体流量变大还是变小,正常大气压条件下材料的质量损失率要大于低气压条件下的。另外,当气体流量在 $10\sim5$ L/min 范围内变化时,低气压下质量损失率的变化差值要大于正常大气压下的,说明此阶段内,低气压条件下试样的质量损失率对气体流量的改变更加敏感,而当气体流量在 $10\sim15$ L/min 范围内变化时,正常大气压下试样的质量损失率对气体流量的敏感度要大于低气压下的。

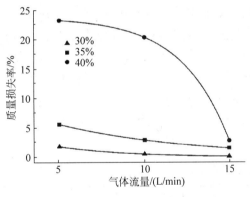

图 2.3-57 低气压条件下质量损失率
随气体流量的变化

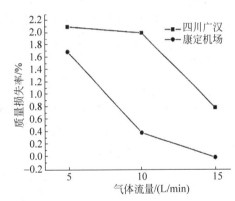

图 2.3-58 常、低气压条件下质量损失率的对比

4. 研究结论

(1)通过对比四川广汉与康定机场的实验数据,分析了气压变化对航空地毯和飞机座椅套的烟气特性、点燃时间等的影响。对不同环境气压下烟气成分的变化进行了分析,其中包括 O_2、CO_2、CO 的变化特征,重点对毒性气体 CO 的变化趋势进行了详细的研究,在分析的基础上引入了 FED 失能模型,对正常大气压与低气压下 CO 的安全等级进行了描述。此评价方法可以揭示不同气压条件下人员暴露时间和失能情况的关系;其次,还获得了两种气压条件下试样的最低外部热辐射点燃温度和极限外部热辐射点燃温度。

(2)在低气压条件下对飞机座椅套进行燃烧对比实验,获得了在改变 O_2 体积分数和气体流量的情况下材料的火焰传播特性及质量损失率的变化规律。通过在两个气压条件下对飞机座椅套热解过程中燃烧时间、燃烧长度和质量损失率的对比与分析,发现在低气压条件下增加外部燃烧环境的 O_2 体积分数可以扩大材料的火焰传播范围。在不考虑其他因素变化的情况下,燃烧长度相同的两个试样在低气压下其质量损失率更大,说明此种情况下,低气压下材料的燃烧更加充分。实验还发现,在低气压条件下通过改变气体流量也能改变材料的燃烧特性。在 5～15 L/min 的气体流量变化范围内,随着气体流量的减小,试样的火焰传播边界增大,质量损失率也增大。所以在低气压条件下,可以通过控制多个外部条件来消除火灾隐患。

2.3.4 旅客行李火行为

根据美国消防协会(National Fire Protection Association,NFPA)统计,因飞机空难而丧生的乘客中约有 20% 死于撞机后的火灾事故。因为飞机舱内行李集中堆积且多具有易燃性,且行李中织物材料具有厚度薄、比表面积大及易积聚的特点,所以低强度的热辐射就可以引燃。织物火焰传播速度快,一旦在有限的空间内着火,几分钟内就会释放出大量的有毒烟雾和热量,使人因中毒窒息而失去逃生能力。根据美国联邦航空管理局的规定,飞机在高空飞行时客舱内气压约为 75 kPa,飞机货舱在常规巡航高度下处于 61 kPa 的低气压环境下。材料的燃烧特性不仅由传热机制决定,也由化学动力学机制决定,如常见的环境参量的变化必然会对燃烧反应过程产生影响。因此本节搭建实验平台来模拟受限空间燃烧下的飞机火灾场景,通过实验验证和理论分析的方法研究 ABS 塑料、PU 合成革、纯棉及涤纶材料在不同环境气压、气流条件及辐射温度下的燃烧性能,探讨其外部因素对火焰燃烧行为内部机理的作用。

实验研究旅客行李在不同环境气压下的燃烧特性,在康定机场(61 kPa)、康定县城(75 kPa)和广汉地区(96 kPa)分别开展典型行李材料的小尺度模拟燃烧实验,通过测量并记录可燃物在燃烧过程中产生的烟气产物和燃烧现象,分析对比常、低气压环境下得到的实验数据。实验工况如表 2.3-7 所示。

表 2.3-7　对比实验工况列表

实验地点	海拔/m	环境气压/kPa	环境温度/℃	实验室湿度/%
康定机场	4290	61	21±3	50±5
康定县城	2560	75	21±3	50±5
广汉地区	520	96	21±3	50±5

本节实验中在前期文献调研和材料统计的基础上,选取四种典型的行李材料进行燃烧测试。实验材料见表 2.3-8。

表 2.3-8　实验材料数量统计

材料名称	厚度/mm	面密度/(g/m²)	试验次数
纯棉	1	325.5	3
涤纶	0.2	109	3
ABS 塑料板	1	1271	3
PU 合成革	0.5	418.5	3

(1) 水平燃烧实验平台。为研究典型旅客行李材料的发烟性能和小尺度火焰燃烧性能,基于 OPTIMA7 烟气分析仪和 JCY-3 双控烟密度测试仪搭建水平燃烧实验平台,如图 2.3-59 所示。

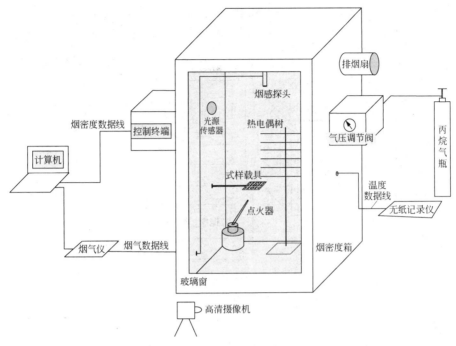

图 2.3-59　水平燃烧实验平台结构示意图

(2) 逆流火焰蔓延燃烧实验平台。为研究典型旅客行李材料的火蔓延性能和小尺度火焰燃烧性能,基于氧指数测试仪搭建逆流火焰蔓延燃烧实验平台,如图 2.3-60 所示。

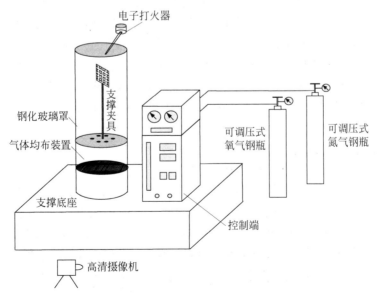

图 2.3-60　逆流火蔓延燃烧实验平台结构示意图

　　(3) 热辐射燃烧实验平台。为研究环境气压对材料在不同热辐射条件下燃烧特性的影响,基于高温精密加热炉(GWL 1200,内部尺寸:300 mm×300 mm×150 mm)搭建了旅客行李材料恒温热辐射燃烧实验平台,如图 2.3-61 所示。

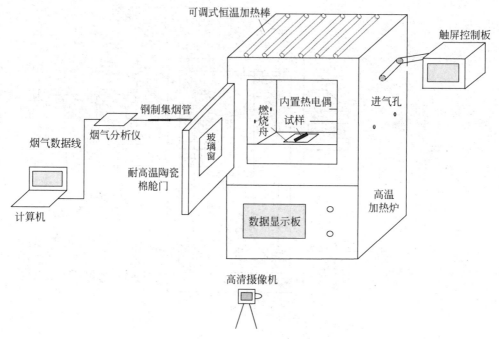

图 2.3-61　热辐射燃烧实验平台结构示意图

1. 水平燃烧特性

1) 烟密度分析

　　火灾中产生的烟是材料在燃烧或热解作用下产生的悬浮颗粒,包括不完全燃烧液、固相分解物和冷凝物颗粒,是引起人员死亡的重要原因。首先烟气颗粒对人体的损伤程度与其尺寸有关,小的烟气颗粒可以深入呼吸道,甚至直接到达支气管和肺泡,严重影响人体的肺功能;其次,这些烟气颗粒的尺寸在微米级,其波长是可见光波长的两倍以上,对可见光有屏蔽的作用,且由于飞机舱内空间狭小,当火灾发生时烟气会迅速蔓延至整个舱体,大量烟气颗粒的产生降低了舱内能见度,导致旅客在舱内滞留时间的增长,加大了旅客逃生的危险性和消防人员的救援难度。

　　图 2.3-62 为纯棉、涤纶、PU 合成革和 ABS 塑料等四种材料在不同气压下的烟密度变化曲线图,可以看出,环境气压对行李材料烟密度变化有较大的影响。对于 PU 合成革,气压越大烟密度越早进入稳定阶段;涤纶材料在 75 kPa 下燃烧时烟密度增长速率最小,但在150 s 后进入稳定燃烧段时其烟密度随着气压的减小而增大;ABS 塑料在前 75 s 的变化同PU 合成革相似,但在进入稳定燃烧段后其烟密度缓慢降低;纯棉材料在前 75 s 中的增长速率随着气压的降低而增大。故虽然四种材料结构和成分不同,但其在低气压下的烟密度均大于正常大气压下的,且其烟密度在 4 min 燃烧过程中都呈现出了先增大后缓慢减小的趋势。

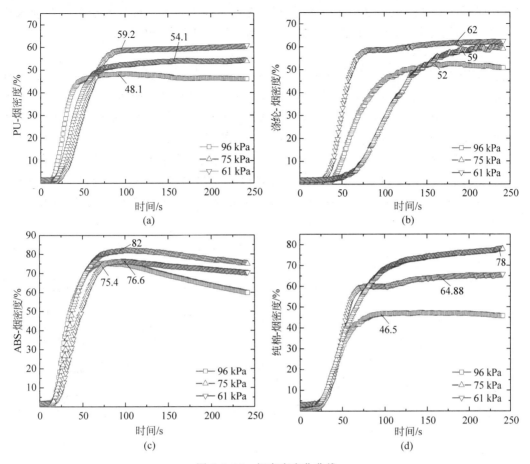

图 2.3-62 烟密度变化曲线

试样材料随着燃烧反应进行分解,并产生黑烟,释放出大量的烟气颗粒,且碳烟体积分数作为碳颗粒的一个重要参数,其与气压成如下二次方关系:

$$f_v \propto p^2 \tag{2.3-12}$$

其中,f_v 为碳烟体积分数,%;p 为环境气压,kPa。

由式(2.3-12)可知,燃料中转化为碳烟的碳体积分数与环境气压成正指数关系,随着环境气压的增加,烟尘的成核速率也会加速。在低气压环境下,火焰对空气卷吸作用减弱,空气密度的降低使得雷诺数也相对变小,导致火焰辐射热流减少;而氧扩散速率的降低使得燃烧产生的碳颗粒表面的氧化反应速率减小。且由图 2.3-62 可知,在 0~75 s 内,旅客行李材料的烟密度持续增大直至进入相对稳定的燃烧阶段;此后由于舱体内外空气温差引起的空气交换,使得烟密度以较为稳定的速率进行氧化损耗而缓慢下降。

在相同的热流条件下,材料的组织结构强度和面密度越小,材料越易燃烧;而由材料的面密度及化学构成可知,织物材料要先于箱包材料燃烧。涤纶试样质量小,因而当环境气压越低、绝对 O_2 体积分数越小时,其材料燃烧越快,烟密度也相对越大。而对于 PU 合成革材料,当热解反应发生时,热塑性材料表面形成致密碳层,从而阻碍热解气体从材料内部释放,但是当环境气压降低时,对外热流损失的减少使得材料的热解加速,因而使得烟密度随着环境气压的减小而增大。ABS 塑料和纯棉材料为可燃碳化材料,其材料的热解与碳颗粒的氧化同外界的氧体积分数及环境气压相关,正常大气压下绝对氧体积分数大,燃烧反应快,对烟气的氧化充分,导致正常大气压下的烟密度相对低气压下的减小。

2) 烟气成分分析

火灾中的死亡人数约有 50% 是由于火场烟气中含有的 CO_2、CO、氰化物和麻醉性气体引起的。当发生不完全燃烧时,含碳材料产生的 CO 被吸入人体后与血红蛋白结合,形成羟基血红蛋白,这阻碍了 O_2 的输送,从而导致旅客因窒息死亡。因此可通过生烟速率、总生烟量和烟气中的毒害气体成分等参数评估材料火灾的烟气危害性。

图 2.3-63 给出了 ABS 塑料、PU 合成革、纯棉和涤纶四种材料 O_2 体积分数组分变化。由图 2.3-63 可知:四种材料在烟密度箱体内的 O_2 体积分数均呈现出先快速下降、后缓慢上升的趋势;O_2 体积分数的下降速率随环境气压的降低而增大;在 240 s 燃烧结束后,O_2 体积分数未立即达到最低值。

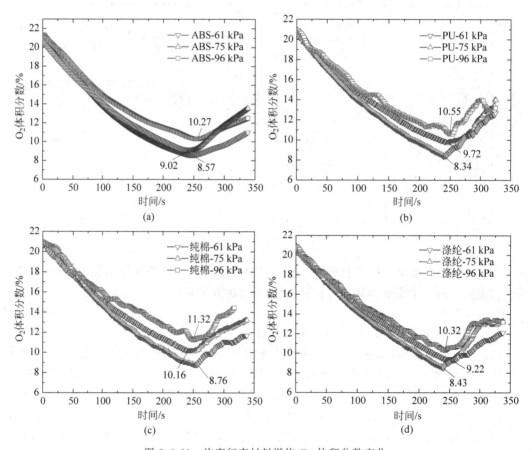

图 2.3-63　旅客行李材料燃烧 O_2 体积分数变化

图 2.3-64 给出了 ABS 塑料、PU 合成革、纯棉和涤纶四种材料燃烧生成的 CO_2 体积分数变化。由图 2.3-64 可知,四种材料的 CO_2 体积分数在燃烧过程中先以稳定速率增长至峰值,后缓慢下降;61 kPa 气压下的 CO_2 体积分数要较其他两种气压下的大;在 240 s 燃烧结束后 CO_2 体积分数均未立即达到最低值。

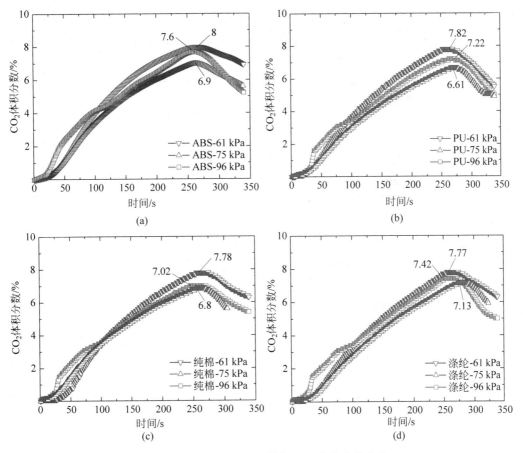

图 2.3-64　旅客行李材料燃烧 CO_2 体积分数变化

　　图 2.3-65 给出了 ABS 塑料、PU 合成革、纯棉和涤纶燃烧生成的 CO 体积分数变化。由图 2.3-65 可知：ABS 塑料燃烧不完全性更大，在第一个峰值时就达到其 CO 体积分数最大值；PU 革和纯棉材料则是在其第二个峰值点达到 CO 体积分数最大值。CO 体积分数在 96 kPa 气压下的变化较低气压下的更为平缓且出现两个峰值，涤纶材料仅有一个峰值；ABS 塑料和纯棉材料在 75 kPa 气压下的 CO 体积分数最大；涤纶和 PU 合成革材料的 CO 体积分数随环境气压的降低而上升。

　　水平燃烧实验平台为半封闭空间，对于其内部的燃烧可认为是在限制供氧环境下进行，由下面的三个反应主导：

$$C + O_2 \rightarrow CO_2 + Q \tag{2.3-13}$$

$$2C + O_2 \rightarrow 2CO + Q \tag{2.3-14}$$

$$C + CO_2 \rightarrow 2CO + Q \tag{2.3-15}$$

　　由于空气中的绝对 O_2 体积分数随环境气压的降低而减小，因此低气压下的氧分子数消耗的速率增大，进而导致 O_2 体积分数的下降速率随环境气压的降低而增大。此时箱体内部由于燃烧升温而与外界环境产生压差，促使箱体与外界进行气体交换，使得当 240 s 燃烧结束后 O_2 体积分数并未立即达到最低点，此后随气体交换的进行，燃烧箱体内的 O_2 体

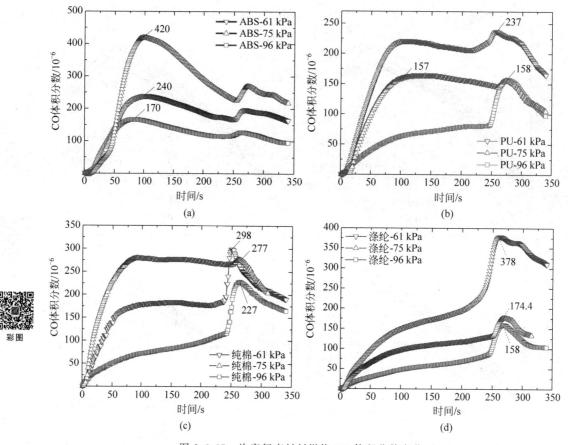

图 2.3-65　旅客行李材料燃烧 CO 体积分数变化

积分数缓慢上升。而在正常大气压下,因其绝对氧分子量大且可燃物裂解气释放量增多、燃烧延迟时间变短,所以 CO 含量在反应初期变化较为平缓。

在火焰燃烧的过程中,气压对火场中碳氧化物体积分数的影响表现为火羽流对空气的卷吸作用。由理想轴对称羽流模型可知,如图 2.3-66 所示,在给定高度上羽流的最高温度都在火羽流的中心位置。

因此基于 Heskestad 羽流模型,通过求解卷吸空气质量方程、动量守恒方程和浮力羽流方程,估算弱浮力羽流下的质量流量 m_e(kg/s),如下式所示:

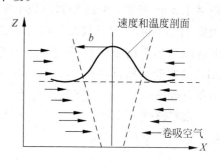

图 2.3-66　轴对称羽流结构

$$m_e = 0.24\left(\frac{g\rho_\infty^2}{c_p T_\infty}\right)Q_c^{\frac{1}{3}}(z-z_0)^{5/3} \quad (2.3\text{-}16)$$

其中,Q_c 为热释放速率中的对流部分,kW;z 为距离火源的高度,m;z_0 为虚点源的位置,m;g 为重力加速度,m/s^2;ρ_∞ 为环境空气的密度,kg/m^3;c_p 空气比热容,kJ/(kg·K);T_∞ 为空气的温度,K。

由式(2.3-16)可知,当气压降低时,可燃物裂解释放出足够维持燃烧的可燃预混气体的时间变长,且空气环境中的绝对氧体积分数减小,烟羽流中卷吸的空气质量流量减小,使得不完全燃烧产物 CO 生成量增多。且低气压环境下烟气沉降速度减慢,因此使得大量烟气积聚在顶棚下,减缓了不完全燃烧产物的氧化,导致 CO 的变化率急剧上升并远远超过正常大气压环境下的。

此外,烟气在箱体自然扩散时,与外界环境进行接触会使反应继续进行,所以在 240 s 燃烧结束时 CO 和 CO_2 变化率并未趋于稳定。此时箱体内部由于燃烧升温而与外界环境产生压差,促使箱体与外界进行气体交换;且当顶棚积聚的烟气开始下沉并与外部少量空气接触后,会进行不充分的氧化反应,因此 CO 体积分数会出现两个峰值,而 CO_2 体积分数出现负增长的变化。对于涤纶材料,由于其面密度小,在燃烧前期就可以较为充分地燃烧,因此在整个燃烧过程中 CO 体积分数仅出现单个峰值。

3) 烟气毒性测试

由于当火灾发生时多种材料同时燃烧,因此检测到有毒性气体的种类会非常多。通过 FED 失能模型描述火场中使人失能的有毒性气体与暴露时间之间的关系,可以根据烟气成分和体积分数计算出烟气各成分毒性,如下式所示:

$$FED = \sum_{t_1}^{t_2} \frac{CO}{35000} \Delta t / (60\%) \qquad (2.3\text{-}17)$$

其中,CO 表示一氧化碳体积分数。因此可通过对 CO 体积分数变化曲线进行积分而计算出 CO 体积分数,并根据 FED 评级标准,得出 ABS 塑料、PU 合成革、纯棉和涤纶在燃烧过程中对人体的危害程度。

表 2.3-9 为给定燃烧时间下 ABS 塑料的 CO 体积分数、FED 值和毒性评价。

表 2.3-9　ABS 塑料燃烧烟气毒性评价

环境气压/kPa	燃烧时间/s	CO 体积分数/10^{-6}	FED 值	毒性等级
61	60	4223.5	0.201	次安全
	120	17801.5	0.848	非常危险
	180	30923	1.472	非常危险
	240	41892	1.995	非常危险
	300	52988.5	2.523	非常危险
75	60	3624	0.173	次安全
	120	26494	1.262	非常危险
	180	48738	2.321	非常危险
	240	65384	3.113	非常危险
	300	80337	3.826	非常危险
96	60	3704	0.176	次安全
	120	13404	0.638	非常危险
	180	21812.5	1.039	非常危险
	240	28922.5	1.377	非常危险
	300	36167	1.722	非常危险

表 2.3-10 为给燃烧时间下 PU 合成革的 CO 体积分数、FED 值和毒性评价。

表 2.3-10　PU 合成革燃烧烟气毒性评价

环境气压/kPa	燃烧时间/s	CO 体积分数/10^{-6}	FED 值	毒性等级
61	60	4383.5	0.209	次安全
	120	16836.5	0.802	非常危险
	180	29789.5	1.419	非常危险
	240	42352.5	2.017	非常危险
	300	55974	2.665	非常危险
75	60	2968.5	0.141	次安全
	120	11903	0.567	非常危险
	180	21588.5	1.028	非常危险
	240	30827.5	1.468	非常危险
	300	39728	1.892	非常危险
96	60	1426	0.068	安全
	120	4958.5	0.236	非常危险
	180	9256	0.441	非常危险
	240	14006.5	0.667	非常危险
	300	21984.5	1.047	非常危险

表 2.3-11 为给定燃烧时间下纯棉的 CO 体积分数、FED 值和毒性评价。

表 2.3-11　纯棉燃烧烟气毒性评价

环境气压/kPa	燃烧时间/s	CO 体积分数/10^{-6}	FED 值	毒性等级
61	60	5086.5	0.242	次安全
	120	15552	0.741	危险
	180	26503.5	1.262	非常危险
	240	37355	1.779	非常危险
	300	52258	2.488	非常危险
75	60	8693.5	0.414	危险
	120	25075	1.194	非常危险
	180	41558	1.979	非常危险
	240	57719	2.749	非常危险
	300	73173.5	3.484	非常危险
96	60	2031	0.097	安全
	120	6107	0.291	次安全
	180	11079	0.528	危险
	240	17184	0.818	非常危险
	300	29074	1.384	非常危险

表 2.3-12 为给定燃烧时间下涤纶的 CO 体积分数、FED 值和毒性评价。

表 2.3-12 涤纶燃烧烟气毒性评价

环境气压/kPa	燃烧时间/s	CO 体积分数/10^{-6}	FED 值	毒性等级
61	60	3341.5	0.159	次安全
	120	11714.5	0.558	危险
	180	22099	1.052	非常危险
	240	34602	1.648	非常危险
	300	55929	2.663	非常危险
75	60	2456.5	0.117	次安全
	120	7874	0.375	危险
	180	14344.5	0.683	危险
	240	21492	1.023	非常危险
	300	30876	1.470	非常危险
96	60	1089.5	0.052	安全
	120	3719.5	0.177	次安全
	180	7225	0.344	危险
	240	11578	0.551	危险
	300	19576	0.932	非常危险

通过表 2.3-9～表 2.3-12 的 FED 值及毒性评价可以得出，以 ABS 塑料、PU 合成革、纯棉和涤纶为典型材料的旅客行李，在燃烧初期，由于 CO 体积分数低，对人体毒性评价为安全级别；随着燃烧反应的进行，CO 体积分数升高，对人体毒性评价属于危险级别；环境气压降低，烟气毒性对人体的危害评价升高。

4）轴向火焰温度分布

火焰形态和火焰温度分布是研究燃烧的重要参数，火焰形态可以直接反映出火场中的燃烧状态，且可直接影响火焰的温度场。

图 2.3-67 是 ABS 塑料在火焰区域内的温度曲线。由图 2.3-67 可知，在 ABS 塑料燃烧开始后热电偶处的温度会快速升高，在 20 s 左右进入稳定温度区域后以缓慢速率进行变化直至燃烧结束；随着环境气压的升高，高温区域从火焰底端向火焰上部移动，且在 96 kPa 环境气压时达到最大火焰温度 875℃。

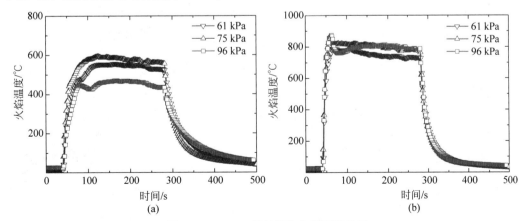

图 2.3-67 ABS 塑料燃烧火焰温度曲线

(a) 距支架 0 mm 处；(b) 距支架 30 mm 处；(c) 距支架 60 mm 处；(d) 距支架 90 mm 处

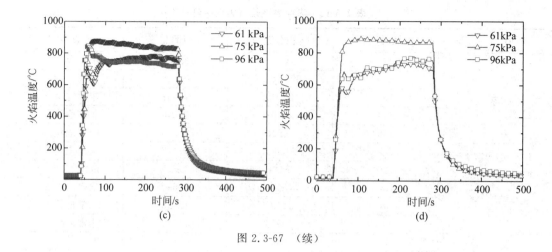

图 2.3-67 （续）

　　图 2.3-68 是 PU 合成革在火焰区域内的温度曲线。由图 2.3-68 可知，在 PU 合成革燃烧开始后热电偶处的温度会快速升高，在 30 s 左右进入稳定燃烧后以缓慢速率变化直至燃烧结束；且 PU 合成革在不同环境气压下的火焰温度峰值差异不大，均达到 870℃左右。

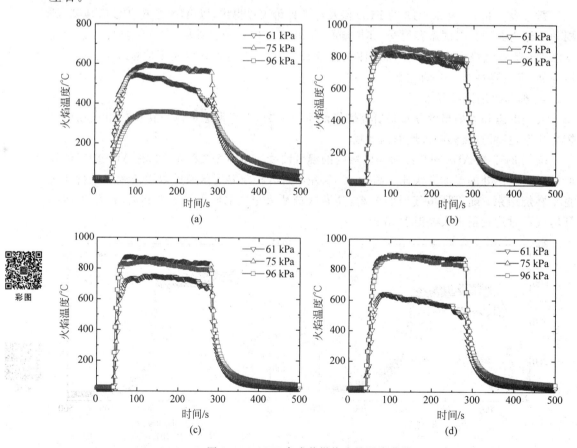

图 2.3-68　PU 合成革燃烧火焰温度曲线

（a）距支架 0 mm 处；（b）距支架 30 mm 处；（c）距支架 60 mm 处；（d）距支架 90 mm 处

　　图 2.3-69 是纯棉材料在火焰区域内的温度曲线。由图 2.3-69 可知,在纯棉材料燃烧开始后热电偶处的温度会快速升高,在 25 s 左右进入稳定温度区域后以缓慢速率进行变化直至燃烧结束;且纯棉材料在 75 kPa 环境气压下达到 905℃ 的最大火焰温度。

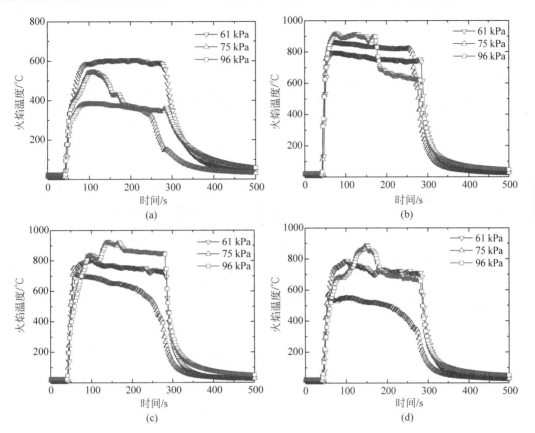

图 2.3-69　纯棉燃烧火焰温度曲线

(a) 距支架 0 mm 处;(b) 距支架 30 mm 处;(c) 距支架 60 mm 处;(d) 距支架 90 mm 处

　　图 2.3-70 是涤纶材料在火焰区域内的温度曲线。在涤纶材料燃烧开始后热电偶处的温度会快速升高,在 25 s 左右进入稳定温度区域后以缓慢速率进行变化直至燃烧结束;随着环境气压的升高,高温区域从火焰底端向火焰上部移动,在 75 kPa 环境气压下达到 905℃ 的最大火焰温度。

　　基于 Heskestad 羽流模型得出火焰羽流中心线上的温度随高度的变化规律,如下式所示:

$$\Delta T_0 = 9.1\left(\frac{T_\infty(1-\chi_r)^2}{g\rho_\infty^2 c_p^2}\right)^{1/3}\dot{Q}^{2/3}(z-z_0)^{-5/3} \qquad (2.3\text{-}18)$$

其中,z 为距离羽流点源的高度,m;z_0 为虚点源的位置,m;χ_r 为辐射分数,为常数;$\dot{Q}$ 为总的热释放速率,kW;g 为重力加速度,m/s^2;ρ_∞ 为环境空气的密度,kg/m^3;c_p 为空气比热容,kJ/(kg·K);T_∞ 为空气的温度,K。

　　虚点源高度 z_0 由火焰的直径和总的热释放速率决定,其无量纲形式可以表示为下式:

$$\frac{z_0}{D} = 1.38\dot{Q}_D^{2/5} - 1.02 \qquad (2.3\text{-}19)$$

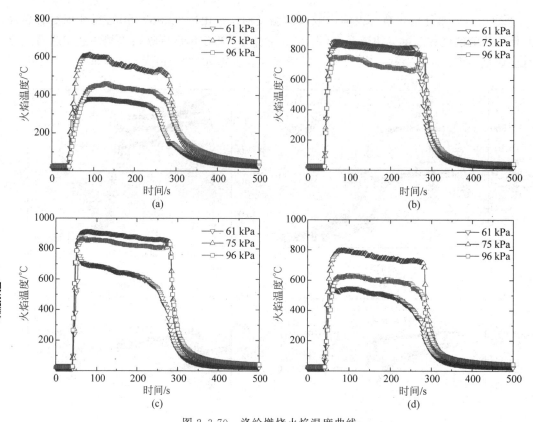

图 2.3-70　涤纶燃烧火焰温度曲线

(a) 距支架 0 mm 处；(b) 距支架 30 mm 处；(c) 距支架 60 mm 处；(d) 距支架 90 mm 处

其中，$\dot{Q}_D$ 为无量纲的火焰能量释放速率；D 为火源直径，m。故 $\dot{Q}_D$ 的表达式为下式：

$$\dot{Q}_D = \frac{\dot{Q}}{\rho_\infty c_p T_\infty \sqrt{g} D^{5/2}} \tag{2.3-20}$$

由式(2.3-18)可知，气压主要通过影响虚点源高度和环境密度来影响火羽流中心线上的温度。结合式(2.3-19)和式(2.3-20)可得下式：

$$\dot{Q}_D \propto 1/\rho_\infty \propto p^{-1} \tag{2.3-21}$$

因此，可将式(2.3-19)变形为下式：

$$\frac{z_0}{D} + 1.02 \propto \dot{Q}_D^{2/5} \propto p^{-2/5} \tag{2.3-22}$$

由式(2.3-22)可知，在相同的火源功率下，低气压环境下的虚点源高度要高于正常大气压环境下的。

本节实验中，点火源为丙烷火焰，点火位置在试样的下表面，燃烧面积会随着材料的燃烧过程而不断发生变化，火焰的中心位置（即点火源的位置）基本保持固定。由于裁剪材料试样面积小，整个燃烧面积均处于燃烧状态，随着燃烧反应的进行，对于热塑性材料即涤纶和纯棉燃烧面积逐渐减小，而 ABS 塑料和 PU 合成革的面积则先减小，而后基本保持不变。随着材料的逐渐燃烧而热解完全后，火源的热燃烧速率会相应减小，火焰高度降低，中心线上的热电偶会逐渐脱离火焰，进入浮力羽流阶段，此时火焰温度开始以稳定的速率进行缓慢变化。由于在低气压环境下,材料在单位时间内与外界进行的对流热交换减少,因此热电偶测量的火焰温度在达到峰值前要高于正常大气压,达到峰值的时间短,其高温区域集中在火焰的中部、底部位置;火焰在正常大气压下燃烧剧烈,浮力系数增大,有利于热量向外界散发,正常大气压段的火焰高温区域主要集中在火焰上部位置。

5) 火焰形态分析

图 2.3-71~图 2.3-74 分别为 ABS 塑料、PU 合成革、纯棉和涤纶四种材料的火焰燃烧形态。

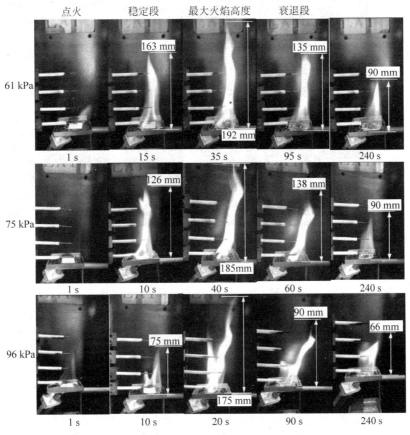

图 2.3-71　ABS 塑料水平燃烧火焰图像

由图 2.3-71 可知,ABS 塑料材料燃烧开始时材料四周开始出现熔融蜷曲现象,此时火焰由淡黄色火焰向橙黄色火焰过渡。由图 2.3-72 可知,PU 合成革燃烧反应开始时材料出现熔融蜷曲现象,火焰底部呈蓝色,顶端呈淡黄色,且开始向明黄色火焰过渡。由图 2.3-73 可知,纯棉燃烧反应开始时材料四周出现黑色碳化现象,火焰底部呈蓝色,上部呈淡黄色,开始向黄色火焰过渡。由图 2.3-74 可知,涤纶材料燃烧开始时材料迅速熔融蜷曲,火焰中亮黄色部分的占比不断增加。虽然实验材料不同,但当火焰进入稳定燃烧阶段时,火焰高度会随着气压的降低而相对升高;火焰的振荡频率、径向宽度和燃烧的剧烈程度随着环境气压的升高而加大。

由于在水平燃烧实验平台中点火源为丙烷火焰,控制燃料的气体体积流量是保持不变的,因此,浮力羽流控制的层流扩散火焰高度与火焰区域内温度和分子扩散成比例,如下式所示:

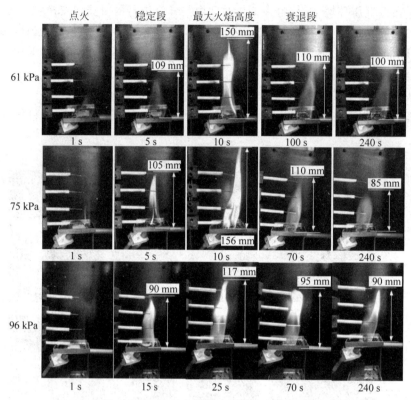

图 2.3-72　PU 合成革水平燃烧火焰图像

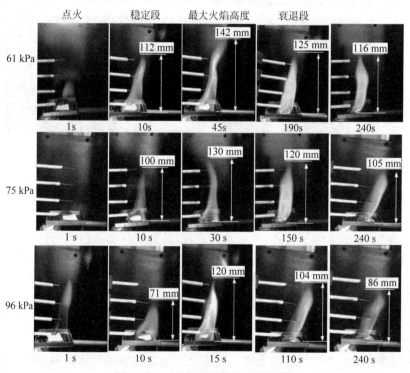

图 2.3-73　纯棉水平燃烧火焰图像

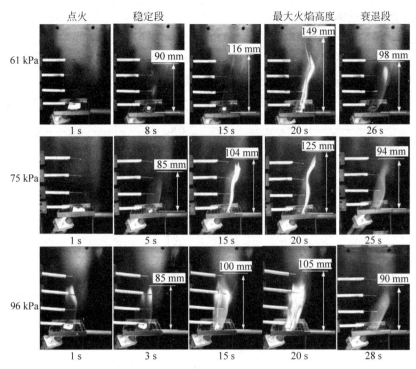

图 2.3-74 涤纶水平燃烧火焰图像

$$H_f \propto \frac{T_f^{-0.67}}{D_0} \qquad (2.3\text{-}23)$$

其中，T_f 为火焰区域内温度；D_0 为环境温度扩散系数。

在式(2.3-23)中，对于固定质量流量，环境气压与环境温度扩散参数成反比。而本节取距离火焰底端 30 mm 处温度来代表火焰温度，此位置处于火焰的中部位置，为火焰的高温区域的主要分布区域。对于旅客行李材料，其火焰温度分布为环境气压 61 kPa、75 kPa、96 kPa 的温度，结合火焰燃烧图像发现，稳定燃烧阶段的火焰高度随环境气压的降低而相对减小，因此，可认定稳定燃烧阶段中的火焰高度与环境气压之间存在负相关性，如下式所示：

$$H_f \propto p^{-\alpha} \qquad (2.3\text{-}24)$$

其中，α 为影响因子，由燃烧火焰温度和气体扩散系数决定。

此外，由火焰图像可知，火焰燃烧过程中有两个部分发生显著变化，一部分是蓝色的火焰，另一部分为黄色的明亮火焰；而火焰的亮度和颜色是由于固态碳颗粒在火焰中向外界环境释放黑体辐射；且燃料中的碳元素转化为碳烟的百分比与气压之间的关系为下式：

$$\eta_s = p^\alpha \qquad (2.3\text{-}25)$$

其中，η_s 为碳元素转化为碳烟百分比，%；α 为气压影响因子；p 为环境气压，kPa。

由式(2.3-25)可知，碳烟体积分数与环境气压成反比，即随着环境气压的降低，燃烧产物中转化为碳烟的百分比降低，因此碳颗粒的生成较正常大气压下的减少。火焰中的碳颗粒释放的黑体辐射也会相对减少，导致火焰中蓝色火焰占比增加，而黄色火焰占比降低。环境中的对流扩散系数与气压成反比，随着气压的增加自然对流增大，导致空气的扰动作用加强，造成火焰的脉动和振荡频率加大。

2. 逆流火蔓延燃烧特性

固体可燃物的火蔓延是火场中燃烧发生时较为普遍的现象,当可燃气浓度达到燃烧浓度时发生引燃,表现为火焰前锋从火焰的燃烧区域不断向未燃区域移动的过程。

1) 火蔓延速率分析

图 2.3-75~图 2.3-78 分别为 ABS 塑料、PU 合成革、纯棉及涤纶的平均火蔓延速率图。

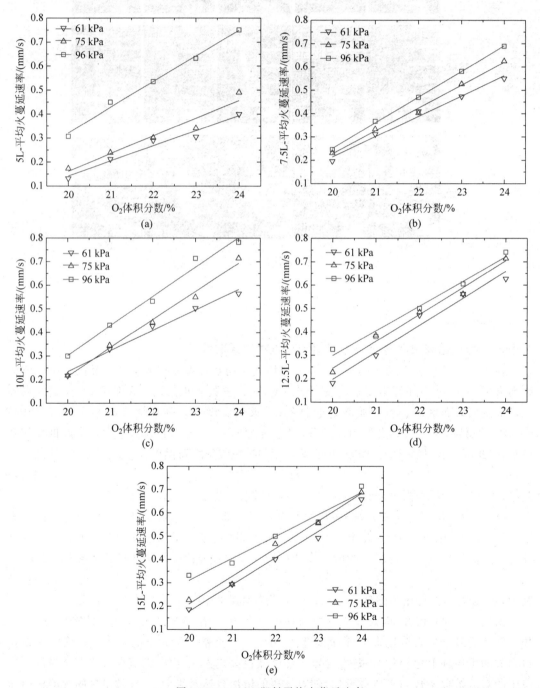

图 2.3-75　ABS 塑料平均火蔓延速率

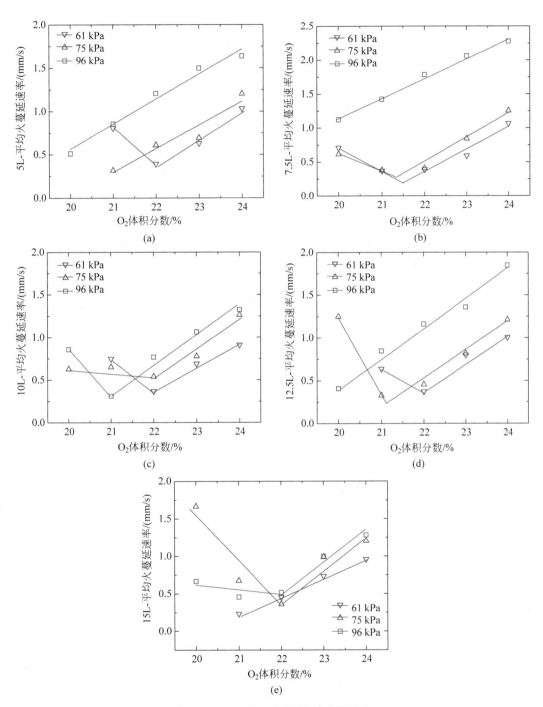

图 2.3-76　PU 合成革平均火蔓延速率

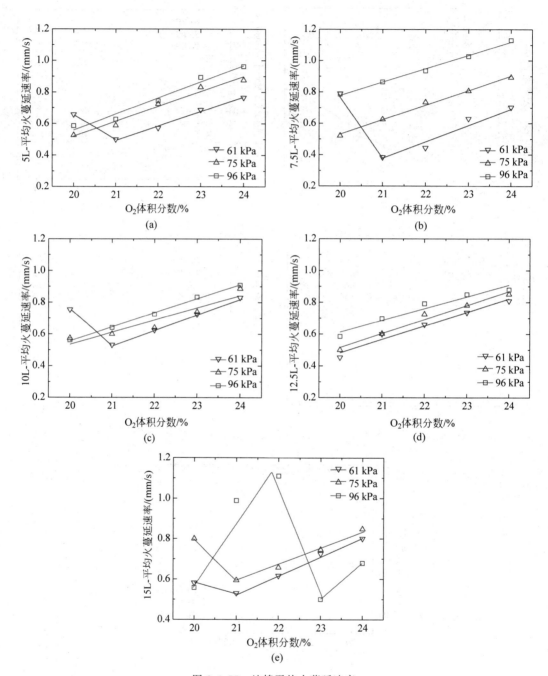

图 2.3-77 纯棉平均火蔓延速率

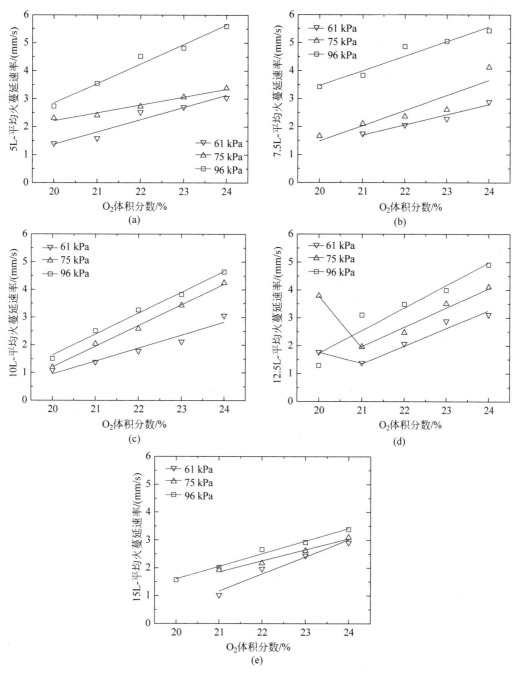

图 2.3-78　涤纶平均火蔓延速率

　　由图 2.3-75 可知,ABS 塑料的火蔓延速率随环境气压升高而增大,即 $v_{96} > v_{75} > v_{61}$;随着 O_2 体积分数上升,ABS 塑料火蔓延速率与 O_2 体积分数成正相关。由图 2.3-76~图 2.3-78 可知,对于 PU 合成革、纯棉及涤纶材料在低气压、低氧体积分数阶段,材料未能稳定燃烧,此时火蔓延速率 v 相对偏大,故随着 O_2 体积分数的上升而下降;当进入稳定燃烧阶段后,相同 O_2 体积分数条件下,气压越高,火焰传播速率越大,即 96 kPa、75 kPa、

61 kPa 情况下的火焰传播速率依次减小，且 V 与 O_2 体积分数成正线性相关；低氧体积分数、高速气流抑制火焰传播，材料无法维持燃烧。

固体可燃物火焰蔓延过程主要有化学反应过程（固相热解及气相燃烧化学反应相耦合）和物理传输过程（传热效应），而影响固体可燃材料逆流火蔓延传播速率快慢的主要因素是气相化学反应速率，为了描述气相化学反应速率对燃烧的影响，引入无量纲参数 Da 数，如下式所示：

$$Da \sim \frac{t_{\text{flow}}}{t_{\text{chem}}} \tag{2.3-26}$$

其中，t_{flow} 为气体分子通过边界层的流动时间；t_{chem} 为化学反应特征时间。Da 数可以通过下式求得：

$$Da = \frac{a_g A \Delta h_c}{u_\infty^{-2}} \left(\frac{E}{RT_\infty}\right) e^{-E/(RT_\infty)} \tag{2.3-27}$$

其中，u_∞ 为环境气流速度。

通过式（2.3-27）可知，Da 数与环境气流速度的平方成反比，即 $Da \propto u_\infty^{-2}$。本次燃烧实验中为强迫气流下的逆流火焰传播，因而 Da 数较小，燃烧主要受到气相蔓延速率影响。此外，Fernandez-Pello 在研究了气体化学反应速率对逆流火蔓延的影响之后，将 De Ris 模型扩展为下式：

$$V_f = V_{\text{ideal}} \cdot f(Da) = V_g \frac{(k\rho c)_g (T_f - T_v)^2}{(k\rho c)_g (T_f - T_\infty)^2} f(Da) \tag{2.3-28}$$

其中，V_g 为气流速度；T_f 为绝热火焰温度；T_v 材料热解温度；T_∞ 为气流温度；V_{ideal} 为不考虑化学反应速率的火蔓延速率；ρ 为固体密度；c 为固体比热容；k 为修正系数。

因此结合式（2.3-28）及 Quintiere 关于逆流火蔓延速率与 Da 数的研究发现，随着环境气流速度 V_g 的增大或环境氧体积分数的减小，化学反应动力学效应将减弱。气体流速相对增大，可以使氧气分子与火焰进行更充分的接触，促进燃烧的进行；气体流速过大，超过一定限度，会减弱气相化学反应速率，使得速率降低，直至火焰熄灭，如图 2.3-79 所示。

由 De Ris 火焰传输模型可知，火焰温度与环境氧体积分数成正比，而火焰的蔓延速率与

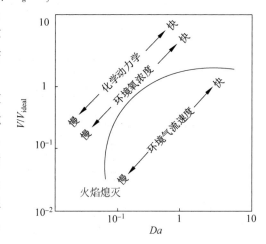

图 2.3-79 逆流火蔓延速率与 Da 数之间的关系（Quintiere）

火焰温度和材料自身温差成正比。由火蔓延速率图可知，环境氧体积分数越大，材料的燃烧行为越剧烈，火焰温度相对越高。在本次燃烧实验中，实验室环境温度控制基本保持一致，故火蔓延速率仅与燃烧产生的火焰温度相关，而 Bhattachajee 等研究发现，环境气压主要通过改变火焰对燃烧物质表面的热辐射反馈影响火焰蔓延速率，因此，由于低气压环境下空气浮力羽流系数小，自然对流热损失较正常大气压下的低，所以燃烧火焰温度更大，此时火焰蔓延速率和环境氧体积分数及环境气压成正相关。

2）质量损失分析

由图 2.3-80 可知,ABS 塑料在 5 L/min 和 7.5 L/min 气体流量下,质量损失比 ϕ_{75} ＞ ϕ_{61}＞ϕ_{96},在 10 L/min 和 12.5 L/min 的气体流量下,ϕ_{61}＞ϕ_{75}＞ϕ_{96},在 15 L/min 的气体流量下,ϕ_{96}＞ϕ_{61}＞ϕ_{75}；随着 O_2 体积分数的上升,ABS 的质量损失比在低氧体积分数下差异明显,在高氧体积分数下差异相对较小。由图 2.3-81～图 2.3-83 可知,纯棉材料、PU 材料和涤纶材料在 5 种气体流量下,质量损失比随着气压的上升而增大,ϕ_{96}＞ϕ_{75}＞ϕ_{61}；随着 O_2 体积分数的上升,材料的质量损失比 ϕ 会逐渐增加;当材料稳定燃烧至 50 mm 处时,质量损失比会保持相对稳定;而涤纶在高速气流下,在低氧阶段不能维持稳定燃烧,质量损失比随 O_2 体积分数和气压的上升而降低。

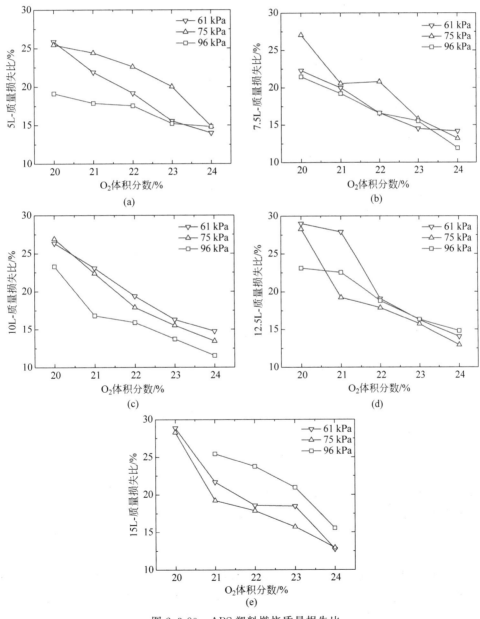

图 2.3-80　ABS 塑料燃烧质量损失比

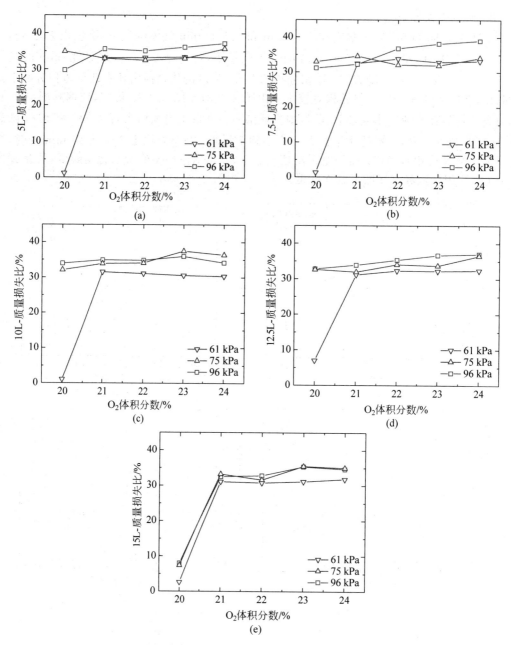

图 2.3-81　纯棉燃烧质量损失比

　　质量损失比越大,材料越易燃烧,火焰传播速度越快,火灾的危险性程度也就越大。用达西定律描述环境气压对材料内部热解气体流动的影响,如下式所示:

$$u=-\frac{k_D}{u}\cdot\frac{\mathrm{d}p}{\mathrm{d}x} \tag{2.3-29}$$

其中,u 是热解气体的释放速率;k_D 是渗透系数;u 是热解气体的动力学黏度系数。

　　由式(2.3-29)可知,环境气压梯度与样品释放的热解气体的气流速度成反比,环境气压梯度随着气压的上升而降低,即低气压环境导致热解气体较难从试样中逸出,导致质量损失

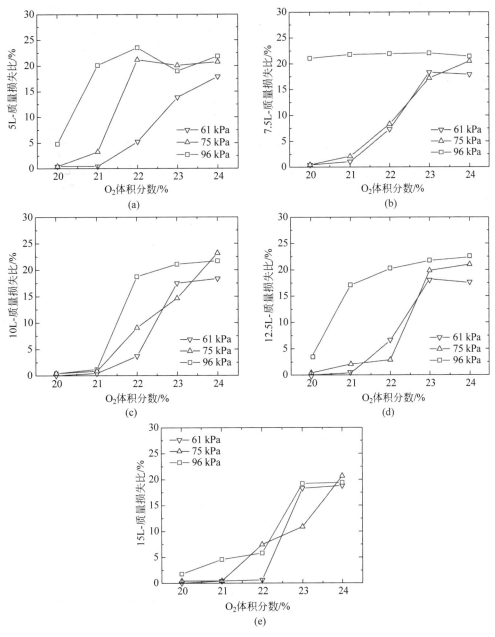

图 2.3-82 PU 材料燃烧质量损失比

速率变慢。而 ABS 塑料和涤纶材料属于热塑性聚合物,在高温的作用下会熔融变形,在材料表面形成氧化层,热解燃烧受限。初期点火源位于材料的中心位置,当 O_2 体积分数上升时,相同气流下火焰前锋能接触到的氧分子数更多,火焰燃烧剧烈,导致中部位置火焰蔓延速率加快。此外,火焰的燃烧速率随着环境气压的上升而增加,由于燃烧长度是确定的,因此其燃烧时间更短,火焰前锋向下蔓延,从而导致 ABS 的不完全燃烧产物在试样两侧堆积,使得其质量损失相对降低。对于涤纶材料,由于面密度小,在高温下快速收缩,产生熔融液滴滴落,使燃烧火焰向下传播迅速,而不能向两侧蔓延至燃烧完全,使其虽能燃烧至 50 mm

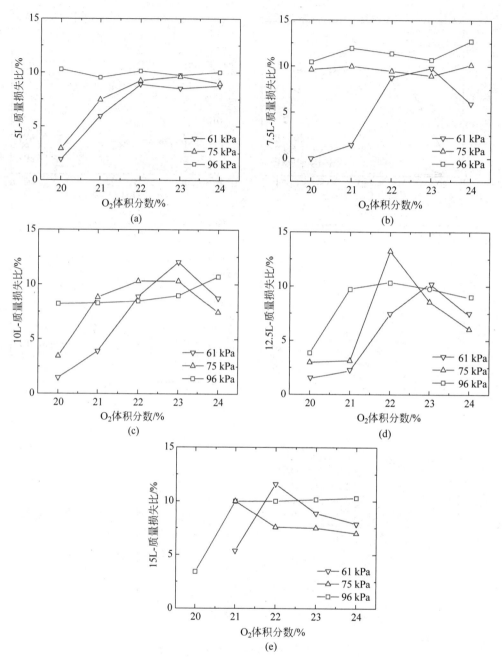

图 2.3-83　涤纶燃烧质量损失比

处,而燃烧时长和质量损失出现负增长的变化趋势。纯棉和 PU 合成革为可碳化可燃材料,在低气压、低氧体积分数阶段,材料未能稳定燃烧;随着 O_2 体积分数和气压上升,火蔓延速率和燃烧材料损失长度变大,材料的质量损失随之上升。而当气流速度过大时会抑制火焰前锋向下传播,此时火焰向两侧蔓延燃烧,使得材料的质量损失保持稳定。当 O_2 体积分数对燃烧的增益作用弱于气流的吹熄作用时,此时火焰被吹灭,材料的质量损失降低。

3．恒温热辐射燃烧特性

在真实火灾场景中的传热主要有两种：一种是火焰和高温烟气引起的对流传热，另一种是火焰、烟气层和高温壁面的辐射传热。而飞机客舱为半封闭的狭小空间，在这种环境下辐射传热将占据主导优势。

1）燃烧时间分析

由图 2.3-84～图 2.3-86 可知，ABS 塑料材料明焰出现时的辐射温度为 500℃，点燃时间接近 140 s；而 PU 合成革和纯棉材料在 61 kPa 环境下，需要更高辐射温度才能进入燃烧阶段，即正常大气压下更容易点燃。当保持辐射温度不变时，在低辐射温度段升高环境气压会降低材料点火燃烧所需时间；点燃时长与辐射温度成指数关系，进入高辐射温度段时，辐射传热会降低环境气压对燃烧带来的影响。材料明焰持续燃烧时长与辐射温度成线性关系，随着辐射温度的上升成线性下降；升高环境气压会减少材料明焰持续时长。对于 PU 合成革材料和 ABS 塑料材料总燃烧时长与辐射温度成指数关系，其随辐射温度的上升成指数下降；而纯棉材料总燃烧时长与辐射温度成线性关系。总体上看，辐射温度的升高会降低环境气压对燃烧带来的影响，导致各项燃烧时长减小直至趋同；正常大气压环境下材料燃烧更为剧烈，燃烧所需时长较低气压环境下的减小。

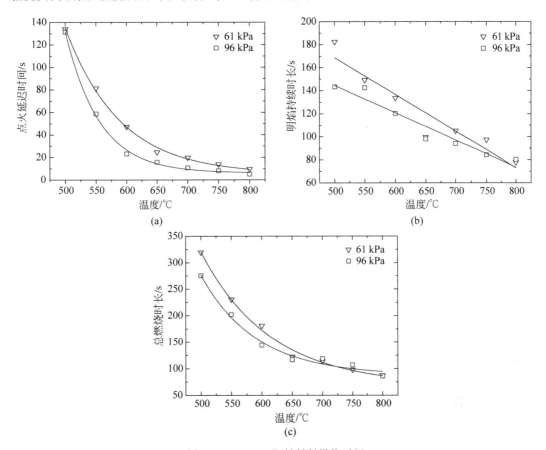

图 2.3-84　ABS 塑料材料燃烧时间

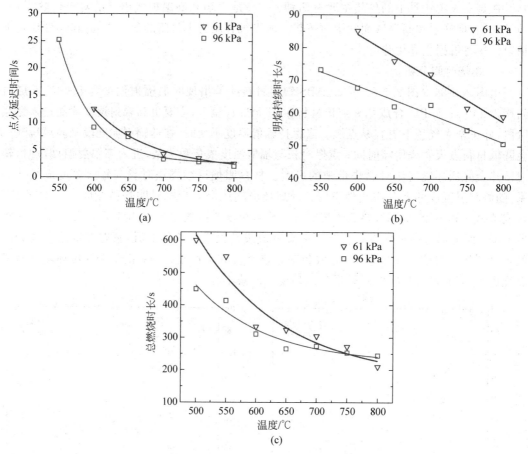

图 2.3-85　PU 合成革材料燃烧时间

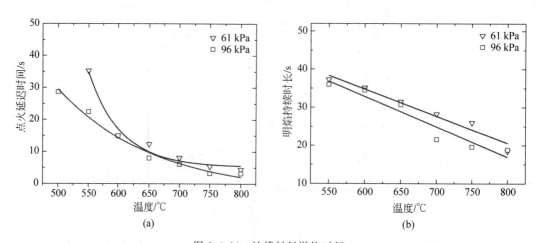

图 2.3-86　纯棉材料燃烧时间

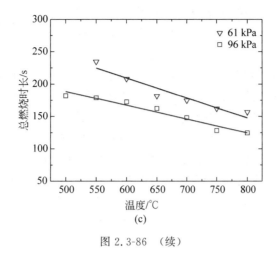

图 2.3-86 （续）

由图 2.3-87 可知，在 96 kPa 和 61 kPa 环境气压下，涤纶材料明焰出现时的着火点温度为 650℃，在一般的低辐射温度阶段材料无法燃烧，仅能进入阴燃燃烧；点燃时长与辐射温度成指数关系，环境气压对材料点燃时间影响较大。涤纶明焰持续燃烧时长与辐射温度成正相关指数关系，随着辐射温度的上升成指数上升；升高环境气压会减少材料明焰持续时

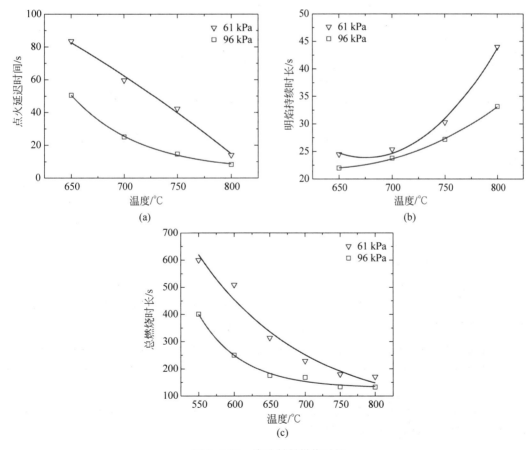

图 2.3-87 涤纶材料燃烧时间

长。涤纶材料总燃烧时长与辐射温度成负指数关系,由于材料明焰燃烧结束后会进入阴燃阶段,纯棉总燃烧时长与辐射温度 T 成线性关系,辐射温度的升高,会逐渐降低环境气压对燃烧带来的影响。

在外部辐射热流的作用下,固体可燃物表面的温度不断升高,可燃物表面发生热解反应并析出可燃气体。热解出的可燃气体聚集在固体表面的上方,与周围气体发生化学反应,随着化学反应速率的增加,热解气体的热释放速率大于固体可燃物表面的热损失速率,炉内温度升高,达到着火点,使气相过程发生热失控而产生扩散火焰。点燃时间是从试样受到热辐射加热开始到材料表面出现持续燃烧火焰所需要的时间。点火延迟时间是判断材料火灾危险性的一个重要参数,点燃时间越短,材料越容易燃烧,火焰能在短时间内向周边可燃物进行扩散燃烧,其火灾危险性程度越大。本节热辐射燃烧实验当中选用的纯棉、涤纶、PU 合成革和 ABS 工程塑料的厚度均小于 2 mm,均可视为热薄型材料,故根据能量守恒方程可推导出下式:

$$\rho dc \frac{dT}{dt} = q''_e - q''_{cr} \tag{2.3-30}$$

其中,ρ 为材料的密度,g/m^3;d 为材料的宽度,m;c 为材料的比热容,$kJ/(g \cdot ℃)$;T 为绝对温度,K;q''_e 为外部热流量,kW/m^2;q''_{cr} 为点燃的临界热流量,kW/m^2。

对式(2.3-30)进行时间积分可得到热薄型材料的点火延迟时间,如下式所示:

$$t_{ig} = \rho dc \frac{T_{ig} - T_0}{q''_e - q''_{cr}} \tag{2.3-31}$$

其中,t_{ig} 为点燃时间,s;T_0 为材料初始温度,℃;T_{ig} 为临界引燃温度,℃。

由于在本节实验中,材料的预处理过程相同,因此初始温度 T_0 不变;而在相同环境气压下材料的临界引燃温度是确定的,因此薄型材料的点火延迟时间可简化为下式:

$$t_{ig} \propto 1/q''_e \tag{2.3-32}$$

由式(2.3-32)可知,材料的点火延迟时间与外部辐射热流强度呈负相关趋势。而固体可燃物的固相热解过程强烈依赖于材料的温度,可用阿伦尼乌斯公式来描述固体可燃材料的质量损失速率,如下式所示:

$$\dot{m} = A_{solid} \int_0^L \exp\left(-\frac{E_{solid}}{\rho T_1}\right) dx \tag{2.3-33}$$

其中,A_{solid} 为指前因子;ρ 为固体材料的密度;L 为固体材料的厚度;E_{solid} 为固体分解所需活化能;T_1 为固体的温度。

由式(2.3-33)可知,当指前因子 A_{solid} 与活化能 E_{solid} 足够大时,固体材料的质量损失速率会与温度成正相关关系,即质量损失速率随着温度的上升而增加,使得可燃预混气体更快地达到燃烧极限浓度,进而使得材料的整体燃烧时长变短。对于涤纶材料,其明焰持续时间随着温度的上升而增加,这是由于聚酯纤维材料在高温下会不断热解,而炉内形成的可燃预混气体只有达到一定的浓度才会点燃,在升高温度时会促使涤纶材料全面热解而导致其明焰时间增长。

由于高温加热炉仪器有四个自然对流通风孔,可认定材料在自然对流下燃烧,此时对流换热系数 h 在自然对流极限情况下可简化为下式:

$$h \propto Gr^{1/4} Pr^{1/4} \tag{2.3-34}$$

在自然对流中 Gr 可表示为下式：

$$Gr = \frac{g\alpha_v \Delta T \rho^2 L^3}{\mu^2} \tag{2.3-35}$$

其中，α_v 为体积变化系数；g 为重力加速度；L 为特征尺度；ΔT 为温差；μ 为动力黏度。

格拉晓夫数 Gr 是控制流体流动的无量纲参数，因此如果认为氧化剂是理想气体，则 α_v 为绝对温度的倒数，即 $1/T$。忽略环境高度改变带来的重力加速度变化，在相同的辐射热流下，试样温差 ΔT 保持不变，则格拉晓夫数可简化为下式：

$$Gr \propto \frac{p^2}{\mu^2} \tag{2.3-36}$$

由式（2.3-36）可知，Gr 与密度因素及环境压强 p（理想气体）的平方成正比，结合式（2.3-34）可得，对流换热系数 h 与环境气压 p（理想气体）的平方根成正比。在低辐射热流下，环境气压的降低导致材料表面对流热损失减小，使表面温升速度较正常大气压下的更快；且空气的浮力系数减小，雷诺数减小，气相化学反应速率减小，导致燃烧反应速率降低，使试样燃烧速率减小，燃烧时长变大。随着辐射热流温度的快速升高，试样表面的温升速度加快，材料达到着火所需临界温度时间缩短，使气压对燃烧时间的影响不再明显。

2）烟气特征分析

由图 2.3-88～图 2.3-89 可知，ABS 塑料和 PU 合成革在 61kPa 环境气压下燃烧到达烟气组分峰值的时间小于 96 kPa 环境气压下的；O_2、CO 及 CO_2 各峰值出现时间与辐射温度 T 呈负相关趋势变化，此时随着辐射温度的上升，各烟气达到峰值的时间差值相对减小，环境气压对材料燃烧时间变化的影响减弱。由图 2.3-90～图 2.3-91 可知，纯棉和涤纶材料 O_2、CO 及 CO_2 各峰值出现时间与辐射温度 T 呈负相关趋势变化；材料在 96 kPa 环境气压下燃烧到达峰值的时间小于 61 kPa 环境气压下的；随着辐射温度的上升，环境气压对材料燃烧时间变化的影响减弱。

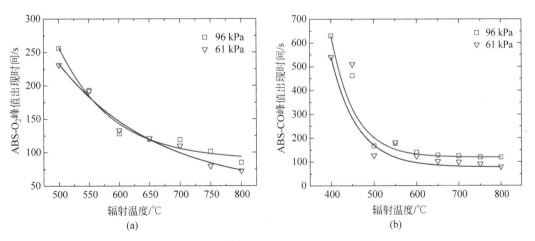

图 2.3-88　ABS 塑料燃烧烟气峰值时间变化

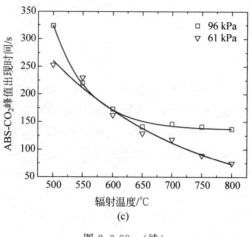

图 2.3-88 （续）

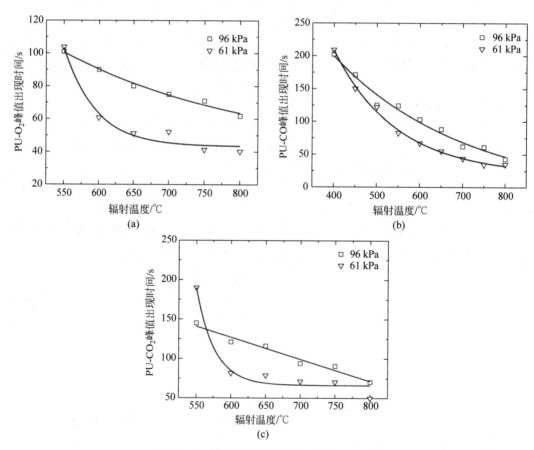

图 2.3-89 PU 合成革燃烧烟气峰值时间变化

由图 2.3-88～图 2.3-91 中的材料燃料烟气峰值时间分布可知,ABS 塑料、PU 合成革、纯棉和涤纶在 9 种辐射温度下并非全部出现明焰燃烧。当环境温度不满足材料的点火温度,材料在外加辐射热流的作用下发生热解反应,释放出的可燃气体聚集在材料的上部,与

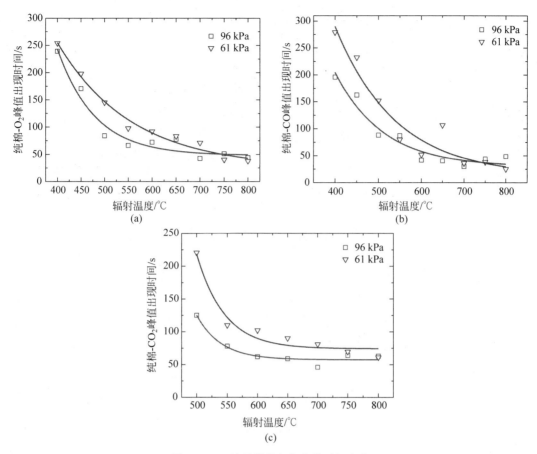

图 2.3-90　纯棉燃烧烟气峰值时间变化

周围的空气混合形成可燃预混气体,并在外部辐射热流的作用下发生气相化学反应,此时的化学反应生成的烟气主要成分为 CO。材料的热解反应速率和质量损失速率随着辐射温度 T 的升高而加快,因而此时 CO 烟气峰值则随着辐射温度 T 的升高而上升。随着外部辐射热流温度的快速升高,试样表面的温升速度加快,材料达到着火所需临界温度时间缩短,材料燃烧时间基本趋同,此时环境气压对燃烧时间的影响不再明显。

材料热解燃烧过程中生成的碳颗粒表面氧化反应的总反应速率常数 k 可以阿伦尼乌斯(Arrhenius)形式表示为下式:

$$k = A \exp\left(\frac{-E}{RT}\right) Y_O^n \tag{2.3-37}$$

其中,A 是前指数;E 是活化能,kJ/mol;Y_O 是氧化剂体积分数,mol/m³;n 是反应级数;T 是温度,K;R 是摩尔气体常量,mol。

Essenhigh 进一步将总反应速率常数 k 表示为吸附过程的反应速率和离解过程的反应速率,如下式所示:

$$\frac{1}{k} = \frac{1}{k_a Y_O} + \frac{1}{k_d} \tag{2.3-38}$$

其中,k_a 是分解过程反应速率常数;k_d 是离解过程反应速率常数。

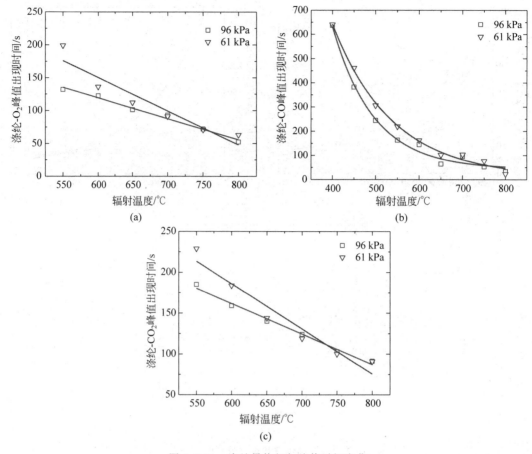

图 2.3-91 涤纶燃烧烟气峰值时间变化

如果环境气压降低,就会导致空气中的绝对氧体积分数降低,结合式(2.3-37)和式(2.3-38)可见,碳颗粒表面的氧化反应速率减小。而当材料进入明焰燃烧阶段时,由于碳烟颗粒转化 CO_2 所需的 O_2 体积分数高,通过对比烟气达到峰值的时间可以发现,此时 CO_2 达到峰值的时间与 O_2 达到峰值的时间接近。这是因为在反应初期阶段,由于加热炉内的 O_2 体积分数充足,燃烧形成的碳颗粒产物向 CO_2 转化,但随着燃烧反应的进行,炉体内部的 O_2 体积分数降低至一定限度后,此时 CO_2 的体积分数快速达到峰值,烟气反应开始向 CO 转化,此时,CO 达到峰值的时间与 O_2 体积分数变化时间接近且大于 CO_2 达到峰值的时间。

通过上文中稳定燃烧阶段中的 O_2 体积分数曲线可以发现,对于 ABS 塑料和 PU 合成革,61 kPa 环境气压下 O_2 体积分数达到峰值时间要小于 96 kPa 环境气压下的。这是由于随着气压的降低,空气中的绝对 O_2 体积分数低,单位体积内的氧分子含量更少;而低气压环境下气压的降低导致材料表面对流热损失减小,表面温度升高较正常大气压环境下的快,此时材料热解消耗 O_2 分子多。同时,由于 ABS 塑料面密度大,燃烧时释放的碳烟颗粒更多,产生的不完全燃烧产物 CO 生成量增多;而随着辐射温度的上升,ABS 塑料材料发生全面热解,且 61 kPa 环境气压下烟气沉降速度减慢,因此使得大量烟气积聚在炉体上部,减缓了不完全燃烧产物的氧化,导致 CO 的急剧上升并远远超过正常大气压环境下的。而对于 PU 合成革材料,由点火延迟时间和着火温度曲线变化可以看出,61 kPa 环境气压下材料燃烧反应所需时间更长，当热解反应发生时，热塑性材料表面形成的质密碳层阻碍热解气体从材料内部释放，此时热解气体积聚至燃烧极限气体浓度的时间变长，导致 CO_2 增长迅速；当进入高辐射温度段后，材料发生全面热解，释放出的可燃气体立即参与气相化学反应，而 96 kPa 环境气压下质量损失速率大且氧含量充足，所以 CO_2 上升迅速。

对于纯棉及涤纶材料，61 kPa 环境气压下 O_2 含量达到峰值时间要大于 96 kPa 环境气压下的。由于材料的面密度小，在高温辐射的作用下可以快速释放碳烟颗粒，且当气压降低时，传热系数 h 会降低，从而降低燃料表面的对流热损失，加快固体热解；而雷诺数减小，导致自然对流作用减弱，此时燃烧产生的碳颗粒物积聚在炉体上部。且由式(2.3-38)可知，环境气压降低，碳颗粒氧化反应速率降低，致使 61 kPa 环境气压下烟气各组分峰值较 96 kPa 环境气压下的降低。

3) 火焰形态分析

在初始燃烧阶段，ABS 塑料材料在高温的作用下快速熔融，上表面呈焦黑色状；且 ABS 塑料轰燃发生时，炉体有冲击震感。由图 2.3-92～图 2.3-93 可知，火焰底部为亮黄色，上部为橙红色；火焰宽度与辐射温度成负相关，而火焰高度与环境气压成正相关。随着外部辐射温度和环境气压的升高，材料进入稳定燃烧的时间提前，此时总体焰色呈橙红。进入衰退阶段后，在低辐射温度阶段中，火焰基本维持在燃烧舟内；在高辐射温度阶段中，燃烧产生大量的絮状黑烟随火焰在炉体内扩散。

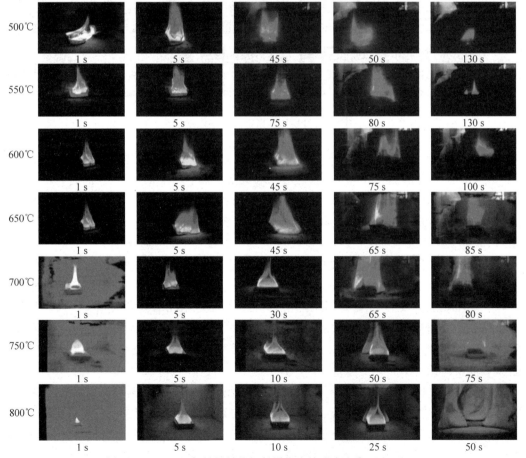

图 2.3-92 ABS 塑料材料热辐射燃烧火焰形态变化(－96 kPa)

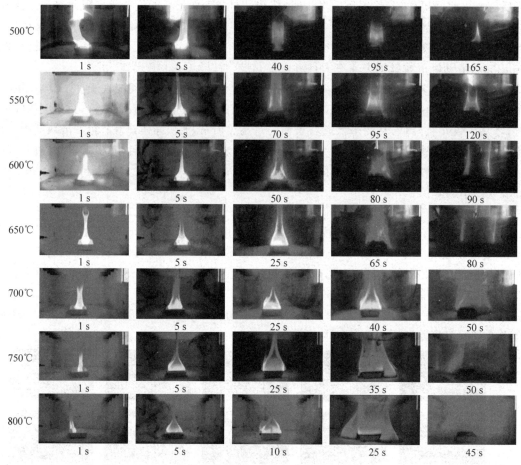

图 2.3-93　ABS塑料材料热辐射燃烧火焰形态变化(-61 kPa)

在初始燃烧阶段,PU合成革快速熔融,由四周向中间聚合,呈焦黑色,中间形成膨胀状产物。由图2.3-94和图2.3-95可知,火焰底端宽度与辐射温度成负相关,此时火焰呈亮黄色;随着外部辐射热流温度和环境气压的升高,材料进入稳定燃烧的时间提前,焰色呈现橙红色。在低辐射温度的燃烧衰退阶段中,火焰基本维持在燃烧舟内;随着环境气压的降低,炉体内碳烟颗粒随火焰对流扩散运动增强。

由图2.3-96和图2.3-97可知,涤纶材料初始燃烧时材料在高温状态下迅速熔融,聚合成团状聚合物(呈黑色、沸腾气泡状),当可燃气体充足时形成明焰燃烧(舱内有黑色烟尘形成)。在整个燃烧阶段中,涤纶材料的燃烧时间随着辐射温度的升高而增加;火焰呈亮黄色,维持在燃烧舟燃烧,直至燃烧殆尽成白色残渣物质;在低辐射温度阶段中,随着环境气压的降低,炉体内碳烟颗粒随火焰对流扩散运动增强,在高辐射温度阶段,火焰燃烧时间缩短,火焰高度降低。

由图2.3-98和图2.3-99可知,纯棉材料在初始燃烧阶段中,试样进入高温热辐射燃烧炉后表面快速碳化,火焰呈亮黄色,火焰底端宽度与辐射温度成负相关。进入稳定燃烧阶段后,随着外部辐射热流温度和环境气压的升高,火焰呈现橙红色,材料燃烧时间缩短,火焰高度较低气压环境下的降低。进入衰退阶段后,在低辐射温度阶段中,火焰基本维持在燃烧舟

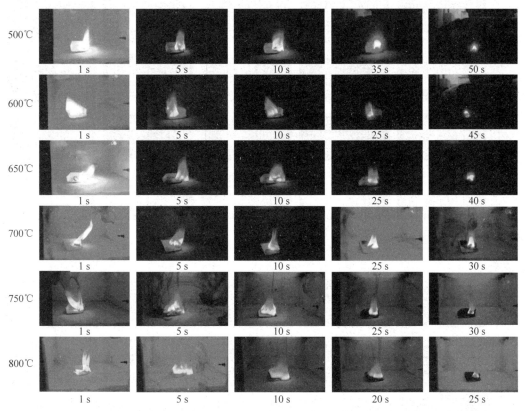

图 2.3-94 PU 合成革材料热辐射燃烧火焰形态变化(−96 kPa)

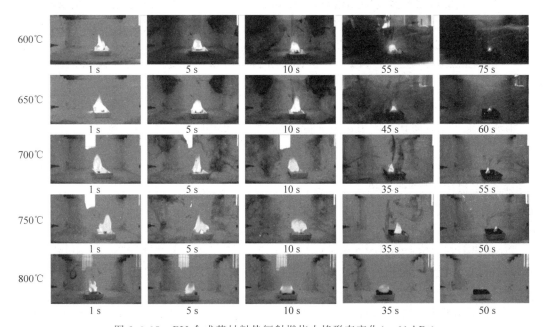

图 2.3-95 PU 合成革材料热辐射燃烧火焰形态变化(−61 kPa)

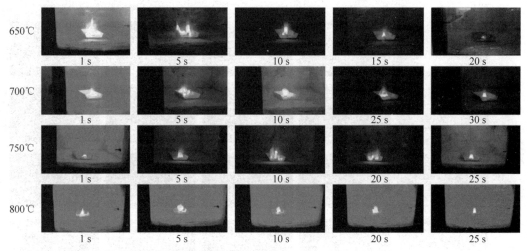

图 2.3-96　涤纶材料热辐射燃烧火焰形态变化(−96 kPa)

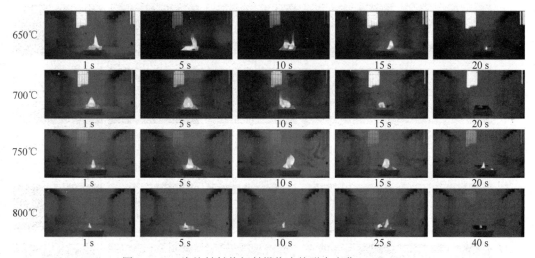

图 2.3-97　涤纶材料热辐射燃烧火焰形态变化(−61 kPa)

中,形成浮空火焰;而在高辐射温度阶段,随着环境气压的降低,炉体内碳烟颗粒随火焰对流扩散运动增强,火焰燃烧时间缩短,火焰高度升高。

由于在燃烧初期阶段,材料在高温辐射的作用下迅速热解,而热解产物中碳颗粒随火焰运动释放出黑体辐射,使火焰呈亮黄色;随着燃烧反应的进行,大量的碳颗粒被氧化,使黑体辐射减少,此时火焰颜色呈橙红色。对于 ABS 塑料和 PU 合成革材料,其面密度大,质密性高,由于燃烧热解速度快,内部热解气体积聚过多且温度快速上升至点燃极限,所以轰燃发生时有冲击震动感;大量的热解产物氧化不完全,会形成大量的絮状烟尘凝团,随着火焰的对流运动而扩散分布在炉体各处,致使火焰在燃烧后期从燃烧舟向炉体内运动,形成扩散火焰。

对于纯棉材料,由于材料面密度小,易燃烧,在低辐射温度阶段中材料的热解完全,且可燃气聚集在材料的上部,由前文研究可知材料的质量损失速率与环境气压和辐射温度成正相关,此时火焰高度随之增加迅速,而不会形成扩散火焰。低气压环境下绝对氧体积分数

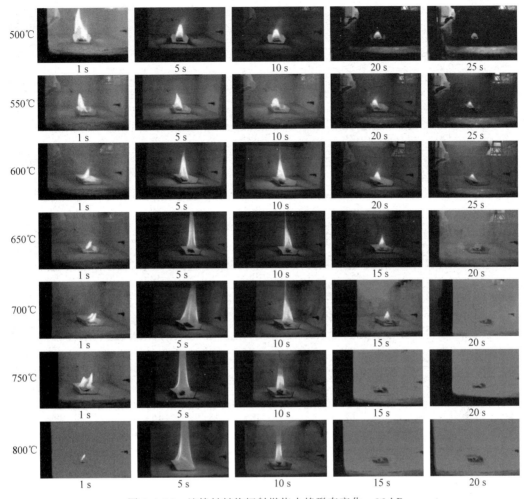

图 2.3-98　纯棉材料热辐射燃烧火焰形态变化－96 kPa

低,雷诺数小,自然对流减弱,此时火焰为了维持燃烧会增加火焰高度以卷吸空气,致使 61 kPa 环境气压下火焰高度高于 96 kPa 环境气压下的。对于涤纶材料,在低辐射温度下熔融成条状聚合物,此时材料质量损失率低,热解气体释放缓慢,可燃预混气体分散分布,此时燃烧发生时火焰径向宽度大;在高辐射温度阶段中,材料迅速熔融聚成团状,而热解产生的大量可燃气体积聚在材料内部,导致涤纶燃烧时间变长。

4. 研究结论

(1)通过水平燃烧实验研究发现,材料在燃烧时烟密度表现出先快速上升到峰值而后在稳定阶段缓慢变化的趋势,且环境气压对材料烟密度影响明显。燃烧初期材料燃烧主要向 CO_2 转化,而 CO 在后期快速上升且出现多峰值变化,且材料燃烧的 FED 毒性评价为危险级别。火焰在经历快速升温段后迅速进入稳定温度段,此时火焰的径向宽度和振荡频率与环境气压成正相关,而火焰高度与环境气压近似成负相关。

(2)通过逆流火蔓延燃烧实验研究发现,非稳定燃烧阶段中材料燃烧时间及燃烧损失长度短,质量损失相对较小。进入稳定燃烧阶段后,材料的火蔓延速率随环境气压和 O_2 体积分数的上升而加大,质量损失相对上升。气流速度增大会促进氧分子向火焰前锋扩散,维

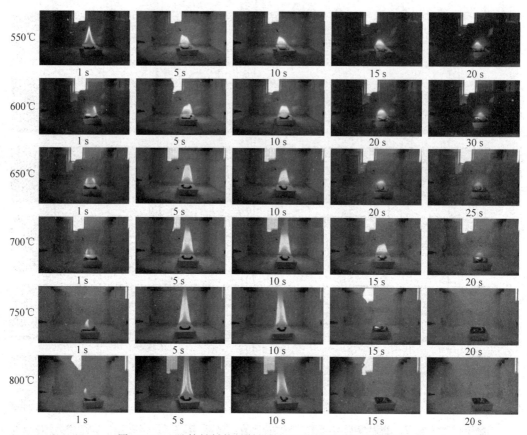

图 2.3-99　纯棉材料热辐射燃烧火焰形态变化（−61 kPa）

持火焰燃烧；当气流速度过大时，会因吹熄作用导致火焰前锋被抑制或吹灭。

（3）通过热辐射燃烧实验研究发现，材料的燃烧时间与辐射环境温度成负相关，而高辐射温度阶段中环境气压对材料燃烧的影响降低。材料进入稳定燃烧时，火焰径向宽度与辐射温度成负相关，而火焰高度与环境气压成正相关；而燃烧产生的各烟气组分达到峰值的时间随辐射环境温度的升高而减小，且材料的 FED 毒性评价为危险。

2.3.5　航空电缆火行为

选用 FXL 型航空电缆作为实验材料，该电缆主要用于航空器内部电力能源供应传输。在四川康定机场高高原航空安全实验室（海拔 4290 m，气压 61 kPa）和四川广汉市中国民用航空飞行学院民机火灾科学与安全工程四川省重点实验室开展相关实验。利用热辐射加热箱、烟密度测试仪及气体分析仪、氧指数分析仪等实验平台及设备（如图 2.3-100 所示），分别进行了低气压和正常大气压环境下航空电缆燃烧实验，并进行了对比分析。航空电缆材料的可燃烧部分分为护套层和绝缘层，实验中选择了护套层、绝缘层、护套层＋绝缘层以及整根电缆四个实验材料组（实验材料如图 2.3-101 所示），通过测量各个套层在燃烧过程中的点燃时间、烟密度和气体成分等实验参数，对比分析各个套层材料的火灾危险性，研究低气压环境对航空电缆材料燃烧性能的影响。

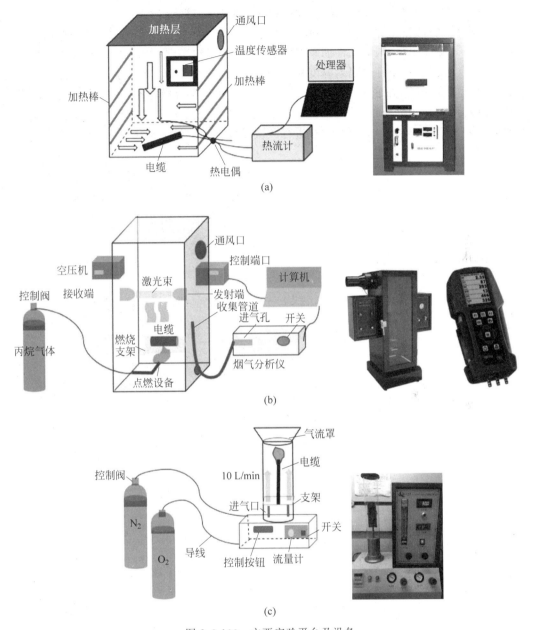

图 2.3-100 主要实验平台及设备

（a）热辐射加热箱实验平台示意图；（b）烟密度测试仪和气体分析仪；（c）氧指数分析仪

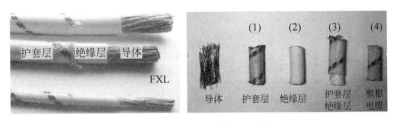

图 2.3-101 航空电缆实验材料

1. 常、低气压环境热辐射温度对航空电缆点燃时间的影响

航空电缆材料的点燃时间和辐射温度是衡量材料点燃特性的最直接参数,若点燃时间越长且热辐射温度越高,则耐火性能越好,表明航空电缆材料遇到火源时的火灾危险程度越低,反之若点燃时间越短且热辐射温度越低,则其耐热特性越弱。本实验所用的热辐射加热箱的升温速率为 40℃/min,待箱内温度升至实验温度并保持稳定时,将截成的航空电缆小段试样放入其中并开始计时,通过观察窗观察是否有明亮火光来测量点燃时间。实验时温度调节范围为 300～900℃,每隔 100℃ 进行一次试验。实验结果如图 2.3-102 所示。

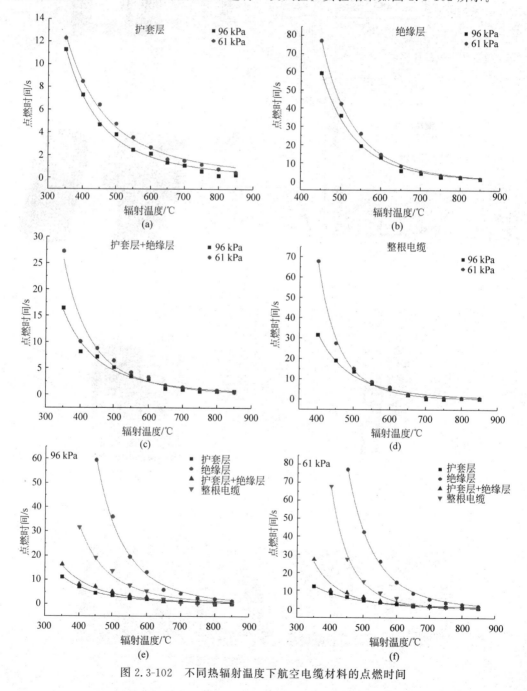

图 2.3-102　不同热辐射温度下航空电缆材料的点燃时间

根据点燃时间与热辐射温度之间相关的经验公式(2.3-39)可知,随着外界热辐射温度逐渐增加,材料的点燃时间会逐渐减小。

$$t_{ig} = \frac{\pi}{4} \frac{k\rho c_p (T_{ig} - T_0)^2}{[\dot{q}_e'' - h_{eff}(T_{ig} - T_0)]^2} - \frac{c_1 \chi}{u_\infty} \ln\left(1 - \frac{\Gamma}{\Delta_x}\right) \tag{2.3-39}$$

其中,k 为导热系数;ρ 为材料的密度;c_p 为比热容;T_{ig} 为固体点燃表面温度;T_0 为初始温度;$\dot{q}_e''$ 为外部热通量;h_{eff} 为辐射和对流传热过程中的热传导系数;c_1、$\frac{\chi}{u_\infty}$、Γ 和 Δ_x 皆为特征数。随着外界辐射温度逐渐升高,航空电缆材料的护套层、绝缘层、护套层+绝缘层和整根电缆四种实验样品的点燃时间呈非线性规律逐渐下降,在 400～600℃ 辐射温度段,点燃时间快速下降,在 650℃ 以上的热辐射温度区间,点燃时间趋于平衡状态。当热辐射温度较高,达到 700～850℃ 时,航空电缆材料护套层、绝缘层、护套层+绝缘层和整根电缆在正常大气压和低气压环境下点燃时间差距较小,随着外界辐射温度进一步增加,各型实验样品的点燃时间几乎均保持稳定,环境气压因素对航空电缆材料的燃烧影响变弱,较高的热辐射温度使护套层和绝缘层快速燃烧。因此,当外界热辐射温度较高,超过材料自身的耐热温度范围时,其耐热特性减弱,火灾危险性增加。

航空电缆的四种实验样品在 96 kPa 的正常大气压环境下的点燃时间均大于在 61 kPa 的低气压环境下的。低气压环境下,空气密度小且 O_2 体积分数较低,燃烧时浮力羽流变弱,导致卷吸空气流量降低,最终造成低气压环境下的燃烧不充分。因此,低气压环境下,航空电缆测量的点燃时间更长,更不容易被点燃。所以当飞机在低气压飞行过程中发生火灾,必须及时扑灭,否则飞机下降至正常大气压环境下时,航空器内部部分材料会更容易点燃且燃烧速度更快。低气压环境下,热辐射温度逐渐升高,航空电缆材料点燃时间的降幅较正常大气压环境下的更大。

护套层最容易受外界热辐射而被点燃,其耐热性较弱,护套层+绝缘层和整根电缆的耐热性较好,而绝缘层在高热辐射温度下才能够被点燃,耐热性能最好。同时,护套层+绝缘层相比整根电缆容易发生燃烧,这说明破损的航空电缆套层的火灾危险性更大,因此需要按时检查和更换航空器内部老化及破损的航空电缆。

2. 常、低气压环境对航空电缆燃烧烟气特性的影响

航空电缆材料在燃烧过程中,会发生许多化学反应并且会产生大量气体和悬浮的颗粒物。在密闭的航空器内,若电缆材料燃烧产生的颗粒物和各种气体体积分数过大,或者产生有毒成分的气体,均会使客舱内部的旅客和工作人员眩晕或者中毒。若颗粒物过大或毒性气体体积分数过高,严重时甚至会导致人员伤亡,产生巨大的经济损失和不良的社会影响。本文通过测试航空电缆燃烧的烟密度和气体成分,对比分析常、低气压环境对航空电缆烟气特性的影响。本实验所采用的烟密度测试仪的燃烧气体为丙烷,其纯度≥85%,燃气气压为0.27 MPa。实验时将航空电缆材料样品持续燃烧加热 4 min,利用平行光对烟气的穿透率来测量烟密度。通过收集热辐射加热箱的燃烧气体,利用气体分析仪来测量燃烧烟气中CO、CO_2 和 O_2 的体积分数变化。

1) 常、低气压环境对航空电缆燃烧烟密度的影响

烟密度是用来表征航空电缆材料燃烧后空气中悬浮颗粒物的体积分数,主要用来衡量航空电缆材料的产烟能力。烟密度数值越大,空气中悬浮的颗粒物密度越大。实验所测得

的航空电缆材料燃烧的烟密度变化如图 2.3-103 所示。

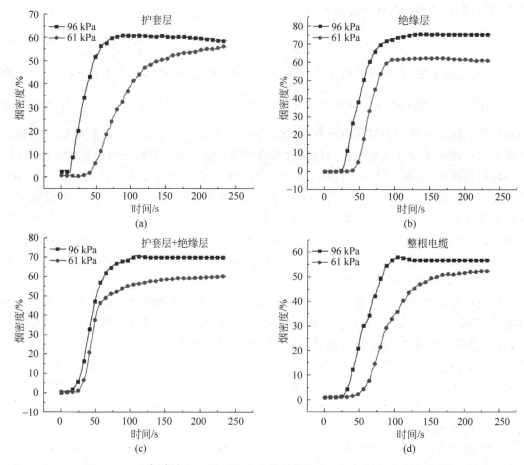

图 2.3-103 常、低气压环境下航空电缆材料燃烧的烟密度-时间变化曲线

由图 2.3-103 可知,随着航空电缆材料燃烧时间增加,在正常大气压 96 kPa 和低气压 61 kPa 环境下,烟密度均先快速上升,在一段时间后趋于平衡,同时正常大气压环境下的航空电缆材料的烟密度趋于平衡后的峰值均大于低气压环境下的。在正常大气压 96 kPa 和低气压 61 kPa 环境下绝缘层的烟密度峰值大致分别为 74.6% 和 61.5%,对应的时间分别为 95 s 和 112 s,低气压环境下绝缘层的烟密度比正常大气压环境下的要小,且在低气压环境下绝缘层达到烟密度峰值的对应时间更长。航空电缆的四种实验样品均出现了低气压 61 kPa 环境下的烟密度峰值要比正常大气压 96 kPa 环境下的小。下式为分解反应经验公式:

$$k^{-1} = (Qk_m)^{-1} + k_n^{-1} \tag{2.3-40}$$

其中,k 为产烟反应速度;Q 为空气中的 O_2 体积分数;k_m 和 k_n 分别为分解和离解反应速率常数。由式(2.3-40)可知,正常大气压环境下 O_2 密度大,使得航空电缆发生燃烧化学反应更加充分,材料燃烧后会产生大量的灰状烟气产物,导致悬浮在空间内的颗粒物密度更多,所以导致了正常大气压环境下航空电缆材料的烟密度峰值要大于低气压环境下的。燃烧过程中,低气压环境下的烟密度速率比正常大气压环境下的要低,这也充分说明了正常大

气压和低气压环境下的燃烧产烟性能有差异,低气压环境下 O_2 体积分数较低,会对航空电缆材料燃烧产烟速率造成影响。

正常大气压环境下航空电缆的烟密度峰值对应的时间为 $80 \sim 100$ s,而低气压环境下烟密度峰值对应的时间为 $100 \sim 120$ s。正常大气压环境下在烟密度达到峰值前,要及时在 80 s 内疏散航空器内的旅客和工作人员;低气压环境下要在 100 s 内紧急引导舱内人员撤离,否则烟密度过大,会使得人员眩晕和呕吐,甚至呼吸困难。

2) 常、低气压环境对航空电缆燃烧烟气体积分数的影响

航空电缆材料在燃烧时会消耗大量 O_2,同时会产生 CO_2 和 CO 等其他气体,飞机舱内的空间比较密闭且活动区域小,若燃烧消耗大量 O_2 和产生过多的 CO_2 气体,会影响旅客和工作人员的正常呼吸,同时高体积分数的 CO 气体也会造成舱内人员头脑眩晕和重度昏迷,甚至还会发生中毒伤亡等现象。此外,低 O_2 体积分数和高毒性气体会给舱内人员逃生、救援和灭火带来较大的负担。根据国内外学者的研究发现,正常大气压和低气压环境会对航空电缆材料的燃烧以及产生的气体体积分数造成较大的影响。

在正常大气压 96 kPa 和低气压 61 kPa 环境下,航空电缆材料的四种实验样品均随着燃烧时间的增加,其 O_2 体积分数先逐渐下降,达到最低 O_2 体积分数峰值后开始缓慢回升,并且正常大气压环境下的护套层和绝缘层最小峰值的 O_2 体积分数比低气压环境下的小,如图 2.3-104 所示。这说明了在正常大气压 96 kPa 环境下,护套层和绝缘层的单套层结构消耗 O_2 较小,而在低气压 61 kPa 环境下,由于空气稀薄,O_2 密度较低,所以在燃烧反应过程中,需要消耗更多的 O_2。而对于护套层+绝缘层与整根电缆的双套层结构,由于在正常大气压 96 kPa 环境下燃烧反应能够继续进行,需要消耗大量的 O_2,而在低气压 61 kPa 环境下燃烧反应相对于正常大气压环境下的要弱,所以燃烧反应持续时间较短且燃烧反应不充分,所以消耗 O_2 较少。在正常大气压 96 kPa 环境下,护套层的最低 O_2 体积分数峰值为 10.7%,对应的时间为 250 s,而在低气压 61 kPa 环境下,护套层的最低 O_2 体积分数峰值和时间分别为 9.6% 和 253 s。在正常大气压和低气压两种气压下,绝缘层的最低 O_2 体积分数分别为 8.2% 和 7.1%,两种气压下耗氧体积分数相差 1.1%,时间均在 245 s 左右,而护套层+绝缘层双套层结构的最低 O_2 体积分数峰值分别为 5.9% 和 8.3%,达到最低 O_2 体积分数峰值的时间分别为 249 s 和 238 s,两者的耗氧体积分数峰值相差 2.4%,并且时间相差 11 s。此外,对于整根电缆而言,在正常大气压 96 kPa 和低气压 61 kPa 环境下的最低 O_2 体积分数峰值分别为 9.4% 和 10.9%,两者的最低 O_2 体积分数峰值的对应时间均在 250 s。通过图 2.3-104 发现,在正常大气压和低气压环境下航空电缆材料消耗 O_2 体积分数速率大致相同,说明在发生燃烧反应初期,O_2 体积分数能够保持燃烧反应的持续进行,所以燃烧反应的耗氧速率大致相同。在正常大气压 96 kPa 环境下,整根电缆和护套层+绝缘层双套层结构消耗 O_2 较大,而在低气压 61 kPa 环境下,护套层和绝缘层消耗 O_2 比正常大气压环境下的要大。

随着燃烧反应时间的增加,航空电缆四种实验样品的 CO_2 体积分数均先上升至峰值,然后缓慢下降,与 O_2 体积分数变化曲线呈相反趋势,如图 2.3-105 所示。主要原因是,航空电缆燃烧会消耗 O_2,同时 O_2 分子和含碳物质发生化学反应,产生了 CO_2,所以 O_2 体积分数会随着燃烧反应下降,而 CO_2 体积分数会随着燃烧反应缓慢上升。在 96 kPa 环境气压下,护套层的 CO_2 体积分数峰值为 6.2%,对应的时间为 256 s,而在低气压 61 kPa 环境下,

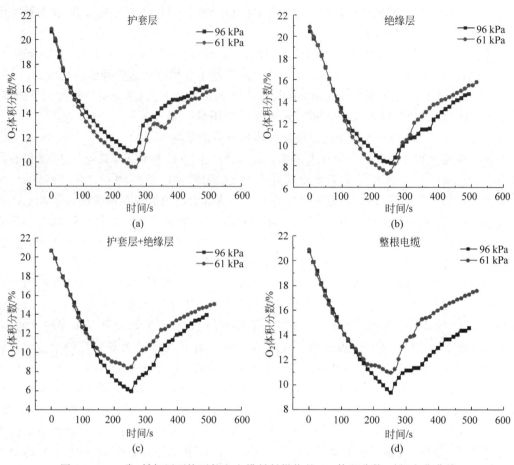

图 2.3-104　常、低气压环境下航空电缆材料燃烧的 O_2 体积分数-时间变化曲线

护套层的 CO_2 体积分数峰值为 7.3%，两者的 CO_2 体积分数相差 1.1%，低气压环境下护套层燃烧产生的 CO_2 含量大于正常大气压环境下的。在正常大气压 96 kPa 和低气压 61 kPa 环境下，绝缘层的 CO_2 体积分数峰值分别为 7.9% 和 8.6%，对应的时间均在 255 s，低气压 61 kPa 环境下绝缘层的 CO_2 体积分数峰值比正常大气压 96 kPa 环境下的大 0.7%。在两种环境气压下，对于护套层和绝缘层的单套层结构，在低气压 61 kPa 环境下的 CO_2 体积分数峰值大于正常大气压 96 kPa 环境下的数值。主要原因是低气压环境下参加燃烧反应需要的 O_2 含量大于正常大气压环境下的，所以氧分子和含碳物质发生裂解和燃烧化学反应生成的 CO_2 更多。在 96 kPa 环境气压下，护套层＋绝缘层随着燃烧反应产生的 CO_2 体积分数峰值为 9.4%，对应的时间为 253 s，而在 61 kPa 环境气压下，护套层＋绝缘层产生的 CO_2 体积分数峰值为 8.1%，对应的时间为 245 s，两者的 CO_2 体积分数峰值和时间分别相差 1.3% 和 8 s。此外，在正常大气压和低气压两种气压下，整根电缆产生的 CO_2 体积分数峰值分别为 7.3% 和 6.4%，两者的 CO_2 体积分数峰值相差 0.9%，对应的时间分别为 265 s 和 258 s。通过对比护套层＋绝缘层和整根电缆的双套层结构发现，正常大气压环境下的双套层结构产生的 CO_2 体积分数峰值要大于低气压环境下的。主要原因是，对于双套层结构，发生燃烧化学反应需要的 O_2 相对更多，而低气压 61 kPa 环境下的 O_2 密度比正常大气

压 96 kPa 环境下的要相对较小,即空气中的 O_2 比较稀薄,燃烧化学反应不充分,所以低气压环境下燃烧反应生成的 CO_2 体积分数少于正常大气压环境下的。

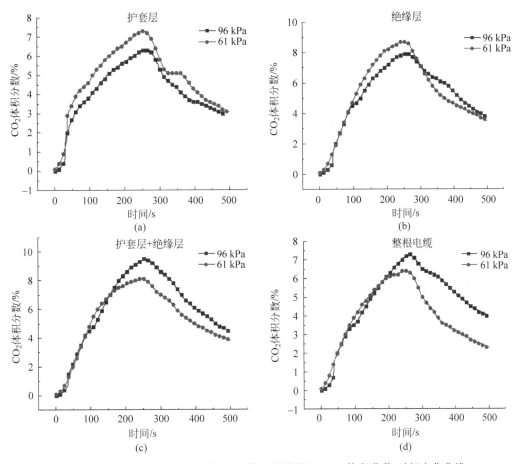

图 2.3-105　常、低气压环境下航空电缆材料燃烧的 CO_2 体积分数-时间变化曲线

随着燃烧时间增加,航空电缆材料燃烧反应产生的 CO 体积分数达到峰值后缓慢下降,由于 O_2 分子与 C 原子结合可以生成 CO,同时 C 原子和燃烧反应生成的 CO_2 分子结合也能生成 CO,所以航空电缆材料燃烧反应产生 CO 的变化曲线有两个或多个波峰,如图 2.3-106 所示。在正常大气压 96 kPa 环境下,护套层燃烧反应生成的 CO 体积分数峰值为 162 ppm[①],对应的时间为 275 s,而在 61 kPa 环境气压下,护套层的 CO 体积分数峰值为 221 ppm,对应的时间为 276 s。通过对比正常大气压和低气压环境下的结果发现,护套层在低气压环境下燃烧产生的 CO 体积分数比正常大气压环境下的大约多 60 ppm。在正常大气压 96 kPa 和低气压 61 kPa 环境下,绝缘层的 CO 体积分数的峰值分别为 640 ppm 和 313 ppm,对应的时间分别为 183s 和 145 s,两种气压下 CO 体积分数大约相差 330 ppm。在正常大气压 96 kPa 和低气压 61 kPa 两种环境下,通过对比护套层和绝缘层单套层结构发现,护套层在低气压环境下产生的 CO 体积分数大于正常大气压环境下的,而绝缘层在正常大气压环境

① 1 ppm = 10^{-6}。

下产生的 CO 体积分数大于低气压环境下的,主要是由两者材料的热特性和材料化学构成的差异所导致的,护套层燃烧化学反应比较容易,而绝缘层燃烧化学反应相对较难,需要消耗更多的 O_2 和能量。在正常大气压环境下由于 O_2 充足,所以燃烧反应更加充分,生成的 CO 比低气压环境下的更多。而护套层在正常大气压和低气压环境下都能充分燃烧,由于低气压 61 kPa 环境下的 O_2 比较稀薄,所以耗氧更多,碳原子和氧分子结合产生的 CO 相对更多。在正常大气压 96 kPa 和低气压 61 kPa 环境下,航空电缆的护套层+绝缘层燃烧化学反应产生的 CO 体积分数峰值分别为 893 ppm 和 734 ppm,两者峰值大致相差 160 ppm。正常大气压环境下的 CO 体积分数比低气压环境下的大约多 17.3%,对应的时间相差 58 s。在正常大气压 96 kPa 环境下,整根电缆的 CO 体积分数峰值为 560 ppm,对应的时间为 265 s,而在低气压环境下整根电缆产生的 CO 体积分数峰值比正常大气压环境下的多 246 ppm。通过比较护套层+绝缘层和整根电缆的双套层结构,代表破损时的护套层+绝缘层燃烧反应生成的 CO 比整根电缆的要大很多,燃烧产生的气体毒性的危险程度更大,因此需要及时检查和更换夹层内部出现老化和破损的电缆。

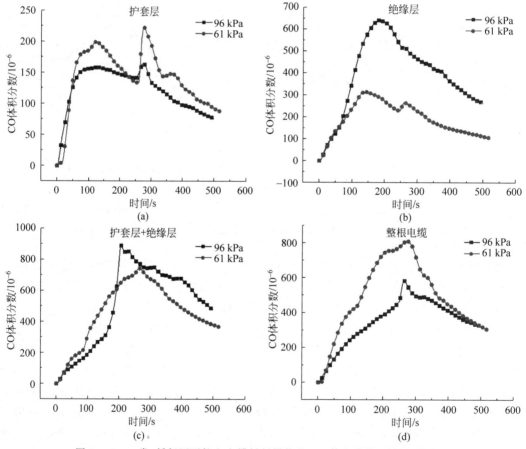

图 2.3-106　常、低气压下航空电缆材料燃烧的 CO 体积分数-时间变化曲线

航空电缆的四种实验样品均出现了,低气压 61 kPa 环境下的烟密度峰值要比正常大气压 96 kPa 环境下的小且对应的时间更长。此外,在正常大气压 96 kPa 环境下,整根电缆和护套层+绝缘层双套层结构消耗 O_2 和产生 CO_2 体积分数较大,而在低气压 61 kPa 环境

下,护套层和绝缘层消耗 O_2 和产生 CO_2 体积分数比正常大气压环境下的要大。在正常大气压 96 kPa 环境下绝缘层和护套层＋绝缘层燃烧产生的 CO 比低气压环境下的相对较多,而在低气压 61 kPa 环境下护套层和整根电缆 CO 比正常大气压环境下的多。通过对比分析航空电缆材料内部套层发现,航空电缆材料在正常大气压和低气压环境下燃烧产生的烟密度均出现绝缘层＞护套层＋绝缘层＞护套层＞整根电缆,此外在消耗 O_2 和产生 CO_2 方面,在正常大气压环境下出现护套层＜整根电缆＜绝缘层＜护套层＋绝缘层,在低气压环境下出现整根电缆＜护套层＜护套层＋绝缘层＜绝缘层。在燃烧产生 CO 方面,在正常大气压环境下出现护套层＋绝缘层＞绝缘层＞整根电缆＞护套层,而在低气压环境下出现整根电缆＞护套层＋绝缘层＞绝缘层＞护套层。由于在燃烧化学反应过程中,氧分子和含碳物质会因为氧化不完全反应,生成 CO,同时航空电缆中的含碳物质也会与生成的 CO_2 气体发生反应,生成 CO,所以在多个化学反应中 CO 体积分数的曲线会出现波动现象。

3. 常、低气压环境下 O_2 体积分数对航空电缆耐热性能的影响

1)燃烧持续时间

如图 2.3-107 所示,航空电缆四种实验样品的燃烧持续时间随着 O_2 体积分数逐渐增加,均呈非线性下降。在正常大气压 96 kPa 环境下,护套层在 O_2 体积分数为 20％下的燃烧持续时间大约为 32 s;当 O_2 体积分数增加至 25％时,燃烧持续时间缩短至 19 s;随着 O_2 体积分数增至 40％时,护套层燃烧持续时间降至 9.1 s;若 O_2 体积分数逐渐增至 50％时,护套层燃烧十分迅速且燃烧持续时间为 5.7 s。当 O_2 体积分数从 20％增至 50％时,燃烧持续时间缩短了 26.3 s。而在低气压 61 kPa 环境下,当 O_2 体积分数为 20％时,护套层燃烧比较缓慢且燃烧持续时间为 47.4 s;当进一步提高 O_2 体积分数至 35％时,燃烧持续时间缩短至 14.8 s。在正常大气压 96 kPa 环境下,当 O_2 体积分数从 20％增至 50％时,绝缘层燃烧持续时间从 117.1 s 下降至 25.4 s,下降幅度为 78.3％,其中当 O_2 体积分数为 25％时,燃烧持续时间下降较快。而在低气压 61 kPa 环境下,当 O_2 体积分数为 20％时,绝缘层此时不能被点燃。当增加 O_2 体积分数至 25％时,燃烧持续时间为 159.9 s,随着 O_2 体积分数逐渐从 25％增加到 50％时,燃烧持续时间降至 45.3 s,提高 O_2 体积分数能够促进燃烧。在正常大气压 96 kPa 和低气压 61 kPa 环境下,在 20％ O_2 体积分数下,护套层＋绝缘层在正常大气压环境下能够被点燃且燃烧持续时间为 168.7 s,而护套层＋绝缘层在低气压环境下不能被点燃。当 O_2 体积分数增至 25％时,正常大气压和低气压环境下护套层＋绝缘层的燃烧持续时间分别为 66 s 和 78.2 s。随着 O_2 体积分数继续增加至 50％,正常大气压和低气压环境下燃烧持续时间相差 3.8 s。在正常大气压和低气压两种气压下,整根电缆在 O_2 体积分数为 20％时均不能点燃,当 O_2 体积分数增加至 25％时,正常大气压环境下的燃烧持续时间为 135.8 s,而低气压环境下仍然不能被点燃。随着 O_2 体积分数增加至 30％,正常大气压和低气压环境下的燃烧持续时间分别为 67.4 s 和 176.7 s。若当 O_2 体积分数逐渐提高至 50％时,正常大气压和低气压环境下的燃烧持续时间差距逐渐变小。正常大气压和低气压环境下的燃烧时间相差 9.5 s,O_2 体积分数增加,则在正常大气压和低气压环境下燃烧速度均会加快。

通过对比正常大气压和低气压环境下的燃烧结果发现,在 O_2 体积分数较低时,正常大气压 96 kPa 环境下的燃烧持续时间比低气压 61 kPa 环境下的要小,即正常大气压环境下

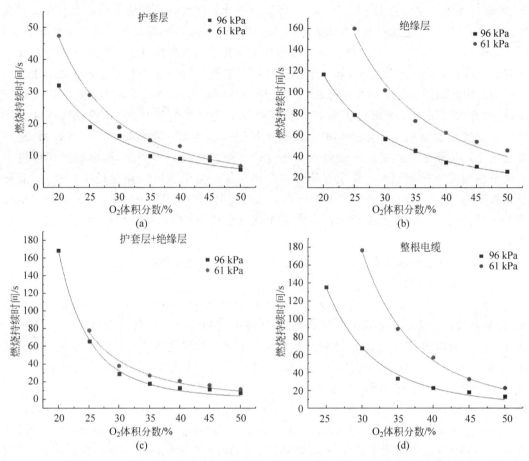

图 2.3-107　常、低气压下航空电缆材料的燃烧持续时间-O_2 体积分数变化曲线

燃烧更加迅猛。主要原因是在燃烧初期阶段,低气压环境下的 O_2 体积分数比正常大气压环境下的低。航空电缆裂解和燃烧需要消耗大量的 O_2,所以在 O_2 体积分数较低的初期阶段,正常大气压环境下的燃烧持续时间比低气压环境下的短。当 O_2 体积分数逐渐增加,则气压因素对燃烧影响变弱,此时 O_2 体积分数对燃烧起到关键作用,主要由于航空电缆在高 O_2 体积分数条件下被点燃后,氧气分子进入航空电缆套层内部,同时表面层的温度向内部传递,使得航空电缆在低气压环境下燃烧反应仍能持续进行,导致高 O_2 体积分数下航空电缆在两种气压下燃烧持续时间差距减小。

　　2)质量损失速率

　　如图 2.3-108 所示,航空电缆四种实验样品的质量损失速率随着 O_2 体积分数增加呈线性上升。在正常大气压 96 kPa 和低气压 61 kPa 环境下,随着 O_2 体积分数从 20% 增至 50%,护套层的质量损失速率分别从 25 mg/s 增至 184.2 mg/s、从 12.7 mg/s 增至 119.4 mg/s。随着 O_2 体积分数增加,质量损失速率逐渐增加。此外,正常大气压和低气压环境下护套层的质量损失速率的变化率分别为 5.3 和 3.5,正常大气压环境下护套层的质量损失速率大于低气压环境下的。在正常大气压和低气压环境下,绝缘层的质量损失速率的变化率分别为 1.2 和 0.9。在 O_2 体积分数为 20% 时,正常大气压环境下的质量损失速率为 8.1 mg/s,而此时绝缘层在低气压环境下不能被点燃。随着 O_2 体积分数从 25%增至 40%,两种气压下的质量损失速率分别从 15.2 mg/s 增至 29.4 mg/s、从 5 mg/s 增至 17.8 mg/s。当 O_2 体积分数增至 50%时,正常大气压和低气压环境下的质量损失速率分别为 47.2%和 27.6%,两种气压下的质量损失速率差距随着 O_2 体积分数增加而逐渐增大。在正常大气压 96 kPa 环境下,随着 O_2 体积分数从 20%增至 35%,护套层+绝缘层的质量损失速率从 7.1 mg/s 增至 60.8 mg/s。当 O_2 体积分数增加至 50%时,质量损失速率为 116.9 mg/s,质量损失速率的变化率为 3.8,而在低气压 61 kPa 环境下,护套层+绝缘层的质量损失速率的变化率为 1.7。当 O_2 体积分数为 20%时,低气压环境下的护套层+绝缘层不能被点燃,当 O_2 体积分数增至 25%时,质量损失速率为 6.4 mg/s。当 O_2 体积分数增至 50%时,质量损失速率为 50.4 mg/s。正常大气压环境下的质量损失速率大于低气压环境下的。在正常大气压和低气压环境下,当 O_2 体积分数为 25%时,正常大气压环境下整根电缆的质量损失速率为 6.6 mg/s,而此时在低气压环境下整根电缆不能被点燃。随着 O_2 体积分数从 30%增至 50%,正常大气压和低气压环境下的质量损失速率分别从 13.4 mg/s 增至 41.7 mg/s、从 3.9 mg/s 增至 26.4 mg/s。此外,正常大气压和低气压环境下质量损失速率的变化率分别为 1.4 和 1.1,正常大气压环境下整根电缆的燃烧速度和质量损失速率大于低气压环境下的。

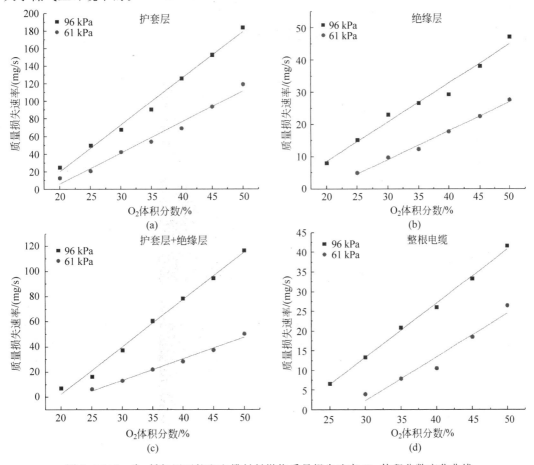

图 2.3-108 常、低气压下航空电缆材料燃烧质量损失速率-O_2 体积分数变化曲线

通过对比正常大气压 96 kPa 和低气压 61kPa 环境下的质量损失速率和燃烧剧烈程度发现,在较低 O_2 体积分数时,正常大气压环境下的质量损失速率大于低气压环境下的。随着 O_2 体积分数增加,正常大气压和低气压环境下的质量损失速率差距逐渐增大。下式为燃烧学公式:

$$Q = Me^{(kq^n)} \qquad\qquad (2.3\text{-}41)$$

其中,Q 为燃烧反应速率;q 为 O_2 体积分数;n 为燃烧反应级数;M 和 k($k = A\exp(-E/RT)$,E 为表面活化能,R 为摩尔气体常量,T 为化学反应热力学温度)为特征参数。由式(2.3-41)可知,随着 O_2 体积分数增加,燃烧化学反应更加充分,航空电缆的质量损失速率加快。

随着 O_2 体积分数逐渐增加,气压因素对燃烧影响变弱,此时 O_2 体积分数对燃烧起到关键作用,正常大气压和低气压环境下的燃烧持续时间差距逐渐变小。同时,在正常大气压和低气压环境下,随着 O_2 体积分数升高,燃烧持续时间均会呈非线性减小且燃烧速度均会加快。此外,正常大气压环境下的质量损失速率大于低气压环境下的,随着 O_2 体积分数增加,正常大气压和低气压环境下的质量损失速率差距逐渐增大。当 O_2 体积分数逐渐增加时,航空电缆套层在正常大气压和低气压环境下火灾危险性从小到大的排序均为整根电缆、绝缘层、护套层+绝缘层和护套层。另外,随着 O_2 体积分数逐渐增加,绝缘层的抗烧性强于护套层,护套层+绝缘层在相同 O_2 体积分数下质量损失速率更快,护套层+绝缘层的抗烧性比整根电缆要差些,并且发生火灾的危险性更大。

3 机载细水雾抑灭火技术原型试验系统研发

3.1 低驱动压力双流体细水雾抑灭火系统技术需求分析

为实现系统上机的最终目标,本研究在进行原型系统研发时从机载系统设计需求出发,对民用飞机货舱细水雾抑灭火系统设计需求进行了分析,作为原型系统搭建的基础。

根据机载货舱灭火系统的应用场景,确定了民用飞机货舱细水雾抑灭火系统及需求,如表 3.1-1 所示。

表 3.1-1 民用飞机货舱细水雾抑灭火系统需求

需求编号	需求描述	备注
26-24-00-Req. 1	细水雾抑灭火系统应能与货舱可能发生的任何火情相适应,并实现快速有效的抑灭火	来自 CCAR 25.851 (b)(2)
26-24-00-Req. 2	细水雾抑灭火系统应能分别对前或后货舱实施抑灭火	
26-24-00-Req. 3	细水雾抑灭火系统应能监控系统健康状态	
26-24-00-Req. 4	细水雾抑灭火系统应能实时计算系统剩余水量	
26-24-00-Req. 5	细水雾抑灭火系统应具有溢流保护功能	
26-24-00-Req. 6	细水雾抑灭火系统应具有注水功能	
26-24-00-Req. 7	细水雾抑灭火系统应具有排水功能	
26-24-00-Req. 8	细水雾抑灭火系统应具有过压保护功能	
26-24-00-Req. 9	细水雾抑灭火系统应能调节引气端压力	
26-24-00-Req. 10	细水雾抑灭火系统应能以恒定压力供水	
26-24-00-Req. 11	细水雾抑灭火系统应能以恒定流量供水	
26-24-00-Req. 12	细水雾抑灭火系统应能以恒定压力供气	
26-24-00-Req. 13	细水雾抑灭火系统应具有限流功能	
26-24-00-Req. 14	细水雾抑灭火系统应具有地面注/排水功能	
26-24-00-Req. 15	细水雾抑灭火系统应有冗余措施储水增压功能	
26-24-00-Req. 16	细水雾抑灭火系统应能满足最低性能标准的性能要求	
26-24-00-Req. 17	细水雾抑灭火系统应能保证飞机最大双发飞机延伸航程运行 (extended range twin-engined operations,ETOPS)飞行时长的抑火要求	
26-24-00-Req. 18	细水雾抑灭火系统应能在飞机进行包线内的正常机动情况下满足性能要求	
26-24-00-Req. 19	细水雾抑灭火系统的运行应不会导致飞机结构、系统的损坏	
26-24-00-Req. 20	细水雾抑灭火系统的单位耗水量应不大于 0.3 L/min	初步指标

依据确定的系统需求,形成民用飞机货舱细水雾灭火系统概念方案及架构,如图 3.1-1 所示。该系统主要包括以下部件:①储水瓶;②储气瓶;③空气压缩机;④加温器;⑤流向阀;⑥超声波细水雾灭火喷嘴。

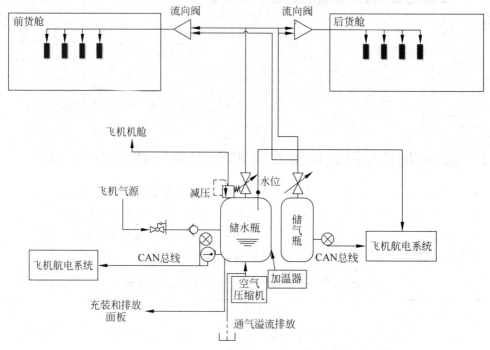

图 3.1-1 民用飞机货舱细水雾灭火系统架构

3.1.1 民用飞机货舱细水雾抑灭火系统部件需求分析

针对民用飞机货舱细水雾灭火系统主要部件及灭火剂提出需求,如表 3.1-2~表 3.1-5 所示。

表 3.1-2 储水瓶功能需求

需 求 编 号	需 求 描 述	备 注
26-24-01-Req. 1	储水瓶应具有释压功能	
26-24-01-Req. 2	储水瓶应具有水位测量功能	
26-24-01-Req. 3	储水瓶应具有原位注水功能	
26-24-01-Req. 4	储水瓶应具有原位排水功能	
26-24-01-Req. 5	储水瓶应具有压力监控功能	
26-24-01-Req. 6	储水瓶应具有温度监控功能	
26-24-01-Req. 7	储水瓶应具有总线通信功能	
26-24-01-Req. 8	储水瓶应具有单向限流功能	
26-24-01-Req. 9	储水瓶应能在规定水压条件下持续供水	
26-24-01-Req. 10	储水瓶应具有加温功能	
26-24-01-Req. 11	储水瓶加温器应能保证在系统上电 2 mim 时间内使系统达到工作状态	初步指标
26-24-01-Req. 12	储水瓶的验证压力应不小于 0.3 MPa,爆破压力不小于 0.6 MPa	初步指标
26-24-01-Req. 13	储水瓶应使用纯净氮气增压	
26-24-01-Req. 14	当飞机气源增压关闭时,应有冗余措施提供储水瓶增压	

表 3.1-3　储气瓶/气源系统功能需求

需 求 编 号	需 求 描 述	备　注
26-24-02-Req.1	储气瓶应具有释压功能	
26-24-02-Req.2	储气瓶应具有温度补偿的压力监控功能	
26-24-02-Req.3	储气瓶应具有总线通信功能	
26-24-02-Req.4	储气瓶应能监控瓶内气量	
26-24-02-Req.5	气源系统应能监控供气流量	
26-24-02-Req.6	气源系统应能监控供气压力	

表 3.1-4　超声波细水雾灭火喷嘴需求

需 求 编 号	需 求 描 述	备　注
26-24-03-Req.1	超声波细水雾灭火喷嘴应能产生液滴粒径＜200 μm 的细水雾	保证细水雾灭火效能
26-24-03-Req.2	超声波细水雾灭火喷嘴应能稳定产生满足性能要求的细水雾	
26-24-03-Req.3	超声波细水雾灭火喷嘴产生达标水雾的时间应不超过 10 s	初步指标
26-24-03-Req.4	单个超声波细水雾灭火喷嘴的保护半径应不小于 1 m	初步指标

表 3.1-5　灭火剂需求

需 求 编 号	需 求 描 述	备　注
26-24-04-Req.1	灭火剂应使用介电常数低于待定（to be determined，TBD）的蒸馏水	
26-24-04-Req.2	灭火剂应能在飞机所有正常运行环境内保证不会结冰	
26-24-04-Req.3	灭火剂及其添加剂应能与灭火系统材料兼容而不发生腐蚀和破坏	

3.1.2　民用飞机货舱细水雾抑灭火系统机上环境需求分析

货舱细水雾抑灭火系统上机还需考虑机上环境适用需求，例如：

（1）由于货舱抑灭火系统具备在前期能够快速扑灭明火，及在 ETOPS 时长内持续抑制火情的要求，对灭火系统的灭火剂量需求量大。在现阶段的研究试验中，细水雾灭火系统重量较传统哈龙灭火系统有较大的增加，需进一步评估系统增重对飞机的影响。

（2）因飞机实际运行中货舱环境温度较低，细水雾系统在管路及喷嘴出口处存在结冰的可能，一旦结冰就会直接影响水的输送及细水雾的喷射，导致灭火性能大幅下降。需充分考虑结冰的影响，增加防结冰措施。

（3）货舱内布置有电子电气设备，细水雾的喷射可能会对舱内电子电气设备的功能及性能造成影响，需考虑相关设备的防水性能。

（4）目前主流的先进民用飞机货舱内的壁板等结构大量使用复合材料，复合材料的蜂窝状结构具有一定的吸水特性，可能会对细水雾抑灭火系统性能造成影响，使其无法充分与火焰接触并相互作用。

（5）细水雾抑灭火系统应满足 DO-160G 中定义的环境要求，若使用该系统，货舱内设备需满足 DO-160 第 10 章防水 R 类"喷淋水"鉴定试验要求。

（6）细水雾抑灭火系统应满足型号规定的电磁防护要求。

（7）细水雾抑灭火系统重量应不超过哈龙灭火系统重量的 1.5 倍。

3.2 低驱动压力双流体细水雾抑灭火技术系统

3.2.1 系统主要技术性能

按设计功能,系统主要由两部分组件构成,组件一为集成化供水调节模块,组件二为喷头计量模块。组件一与组件二、组件二与喷头用可快速接合的钢丝编织增强型不锈钢柔性管道连接。组件一设置在试验舱外就近位置,组件二设置在试验舱顶上,系统设计如图 3.2-1 所示。

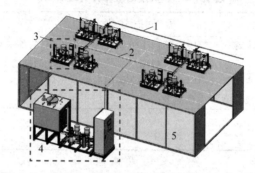

1—供气管道;2—供水管道;3—喷头水气计量模块(共8个);4—细水雾供水调节模块;5—标准实验舱。

图 3.2-1 细水雾灭火系统设计

组件一:集成化供水调节模块主要由三个单元组成,单元一是储水容器总成,单元二是注水管路、调节管路、变频水泵和电控调节阀组总成,单元三是 PLC 总成,如图 3.2-2 所示。

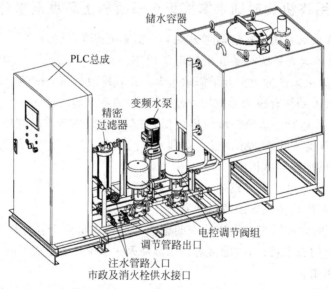

图 3.2-2 供水调节模块结构

组件二：喷头计量模块主要由供水、供气管网、气路电控调节阀组、气路电控减压阀组、压力/流量测量仪表、远程控制箱以及防火阻热隔离部件等组成。计量模块共设置 8 套，每只喷头配置 1 套计量模块，用于独立控制并调节喷头水/气参数，如图 3.2-3 所示。

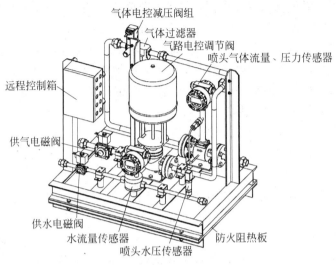

图 3.2-3　喷头计量模块结构

3.2.2　系统调节工况设计

通过供水调节模块的变频水泵和电动调节阀协同工作来实施水压调节，调节模块与喷头计量模块采用薄壁不锈钢管路连接，输水管路按喷头设置位置呈对称均衡布置，可按试验要求开启所需喷头并保证试验时各喷头的压力和流量均等。系统在水泵出口及各喷头入口处设置有压力变送器，用于采集各点压力，并在各喷头供水支管上设置有流量传感器，用于采集喷头喷射流量。

通过计量模块的数字电控减压阀和电动调节阀协同工作来实施气压调节，在喷头供气管路入口处设置有气体流量计，可同时输出喷头气体流量和压力。相关系统工况见表 3.2-1。

表 3.2-1　系统工况

双相流喷头/(单只)	压力可控调节范围/MPa	流量可控调节范围/(L/min)
水	0.05～0.5	0.25～1.0
气	0.1～0.9	0～1500(ANR)

3.2.3　系统主要构件

（1）系统水源。系统设计有市政供水和消火栓系统供水接口，市政供水接口为 DN25，消火栓接口为内扣式 DN65 接口。市政供水接口设置有自动补水功能电磁阀，由系统依据设定的储水容器高低液位值控制启闭。

（2）系统气源。系统接入气源可由试验现场的空压机组提供，也可由氮气或压缩空气瓶组成的集成式瓶组提供。系统供气主管管径为 DN40，喷头计量模块的分支气管管径为 DN20。

（3）储水容器。系统储水容器设置在供水调节模块水箱支架上，配置有 DN25 注水口、DN25 取水和回水口、溢流/通气口、人孔、排渣口、磁翻板液位计。

容器设计容积不小于 1 m³，采用 PP-C 高分子耐腐蚀复合材料制造，其密度只有钢的九分之一，通过热熔化学反应进行焊接连接，内部结构加强设计，其力学性能是传统钢材的 4～5 倍，耐低温达 −42℃，耐高温达 110℃，防腐性能更能达到 50 年，适合各种水质条件并能储存饮用水，且罐体清洗方便快捷。

容器注水管路上设置有精密过滤器，其熔喷滤芯精度≤10 μm。

液位计采用具备远传输出功能的磁翻板液位计，通过系统控制器实时监测容器液位并能自动补水。

（4）计量模块供水电磁阀。采用消防认证电磁阀，DN15、DC24V、设计数量 8 只。

（5）计量模块供气电磁阀。采用消防认证电磁阀，DN20、DC24V、设计数量 8 只。

（6）喷头水流量传感器。系统设计选用容积式专用小流量液体计量变送器，如图 3.2-4 所示。可用于精密地、连续或间断地测量管道中液体流量或瞬时流量，其始动流量小、量程比宽、计量精度不受压力和流量变化的影响，采用圆柱齿轮结构，主要部件为 304 材质，性能稳定、寿命长、流通能力大，且运行时振动噪声小，适合用于细水雾喷头喷射流量的测定。喷头水流量传感器性能参数见表 3.2-2。

图 3.2-4　喷头水流量传感器

表 3.2-2　喷头水流量传感器性能参数

型　号	性　能　参　数
WT-2-R-G-SS-B	测量范围：0.6～100 L/h 连接尺寸：内螺纹 G1/2″ 电源：DC24V 防护等级：IP65 精度：0.5 级 工作温度：−20～80℃ 工作压力：1.6 MPa

（7）喷头气体流量传感器。气体流量计设计选用温压补偿一体式涡街流量计，如图 3.2-5 所示。内部集成温度传感器芯片、压力传感器芯片，可以动态显示介质压力、温度、流量，对标况下的体积流量、质量流量进行实时补偿，结构紧凑、安装方便。

涡街流量计是根据"卡门涡街"原理制成的一种流体振荡型流量仪表。流体介质以一定的速度流经三角柱时，在三角柱后部两侧会产生两列交错排列的旋涡，流量计采用装设于柱体后面的压电探头检测旋涡分离频率，通过现代电子技术将分离出的频率信号进行放大、滤波、整形，得到与流体流速成正比的频率信号，通过自带的温度、压力传感器测得介质温度和

图 3.2-5 喷头气体流量传感器

压力,经气体温压补偿公式,可实时计算介质的标况流量、质量流量,并输出对应的模拟、数字量信号。喷头气体流量传感器性能参数见表 3.2-3。

表 3.2-3 喷头气体流量传感器性能参数

型 号	性 能 参 数
LUGB-1320TP	测量范围：$5 \sim 40 \ m^3/h$ 压力等级：1.6 MPa 法兰连接(GB/T9119,RF) 精度1.0级 外供电型,电压DC24V±10% 输出信号包括电压脉冲、$4 \sim 20 \ mA$ 和 RS485 带数字滤波功能

(8) 数字电控减压阀。系统设计选用 EVD-3900 型数字电控减压阀,如图 3.2-6 所示。采用 D-Sub 接插件与 PLC 直接通信,减压阀自带数字显示器和手动操作键,可直接显示输出压力,数字电控减压阀输入/输出特性如图 3.2-7 所示。能在无外部信号输入的情况下手动设置所需阀后压力,其结构精小,功能性强并易于操作。同时,为避免减压阀的堵塞,在入口处设置有配套空气过滤器。电控减压阀流量特性如图 3.2-8 所示。数字电控减压阀及空气过滤器性能参数见表 3.2-4。

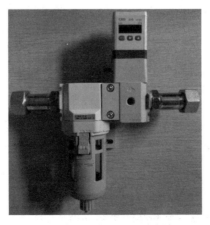

图 3.2-6 数字电控减压阀

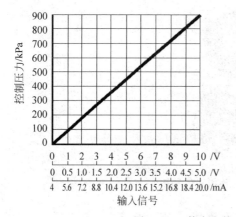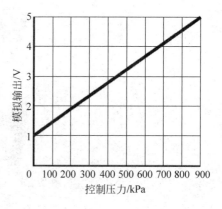

图 3.2-7　数字电控减压阀输入/输出特性

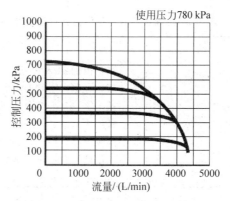

图 3.2-8　电控减压阀流量特性

表 3.2-4　数字电控减压阀及空气过滤器性能参数

名　　称	型　　号	性 能 参 数
数字电控减压阀	EVD-3900-210AN-C3-3	耐压：1500 kPa； 压力控制范围：0～900 kPa； 内螺纹连接（Rc3/8″）； 电压 DC24V； 输入 4～20 mA；输出 1～5 V 模拟，错误（NPN）； 最大流量：1500 L/min（ANR）； 电气连接：模拟 9 芯
空气过滤器	F3000-10-W	耐压：1500 kPa； 过滤精度：5 μm； 内螺纹连接（Rc3/8″）； 带滤杯护套

（9）水泵。系统设计选用 CDMF1-13 型变频水泵，如图 3.2-9 所示。电机功率 0.75 kW，额定流量 1.6 m³/h，扬程 61.5 m。通过 PLC 调节水泵输出流量及压力；过流部件为 304 材质；法兰/螺纹连接。立式多级变频水泵参数见表 3.2-5。

表 3.2-5　立式多级变频水泵参数

名　　称	型　　号	设 计 参 数
立式多级变频水泵	CDMF1-13	变频调速电机,功率:0.75 kW; 防护等级 IP55; 绝缘等级 F 级; 电源:AC380V; 水泵过流部件材质:304

（10）电动调节阀。系统设计选用具有等百分比特性的电动调节阀,如图 3.2-10 所示。其相对行程和相对流量不成直线关系,在行程的每一点上单位行程变化所引起的流量的变化与此点的流量成正比,流量变化的百分比是相等的。因此,阀门在调节时的优点是,过流量小时,流量变化小,过流量大时,流量相对值变化大。本系统设计通过 PLC 程序按指令动态控制阀门开度,在变流变压工况条件下使供水/供气量可控性好、调节精度高。

图 3.2-9　水泵

图 3.2-10　电动调节阀

电动调节阀采用 304 材质,法兰/螺纹连接,电源 AC220V,输入/输出 4～20 mA,通过 PLC 控制。

供水管路:DN25,设计数量 2 套。

供气管路:DN20,设计数量 8 套。

（11）系统管路。系统设计选用薄壁不锈钢管,柔性连接管道及管网管件均采用 304 材料,管路设计压力 1.2 MPa。系统管路相关参数见表 3.2-6。

表 3.2-6　系统管路

名　称	型　号	规　格
供气主管	DN40	$\phi42.7$ mm$\times1.0$ mm
注水管道		
调节管道	DN25	$\phi28.6$ mm$\times0.8$ mm
回水管道		
供气支管	DN20	$\phi22.2$ mm$\times0.8$ mm
供水支管	DN15	$\phi15.9$ mm$\times0.6$ mm

3.2.4　系统控制设备

（1）控制器电源：AC380V，三相五线制，如图 3.2-11 所示。

（2）电控系统处理器采用高性能欧姆龙 SYSMAC CJ2M-CPU31 型 PLC，该 PLC 控制指令达到 2 μs，自带 100 Mb/s 以太网接口，可与工控机和中央控制室组件快速网络通信。变频控制器采用台达 VFD-M 水泵型重载矢量变频器，电气元件采用正泰器件，上位机系统配置佳维视 17″电容触摸工控机，如图 3.2-12 所示。

图 3.2-11　系统控制器

图 3.2-12　电控系统处理器

（3）控制柜二次回路配置隔离变压器，PLC 模拟量输入/输出配置有信号隔离器，能有效隔离变频器及系统外围供电带来的浪涌及系统干扰源。电控系统程序包括 PLC 控制程序和工控上位机程序，喷头计量模块上设置远程控制箱，通过带有金属护套的阻燃屏蔽铜芯电缆与 PLC 控制主机通信。

（4）系统使用电缆均采用阻燃铜芯电缆，电源电缆线芯截面积不小于 2.5 mm^2；模拟采集线缆采用阻燃屏蔽铜芯电缆，线芯截面积不小于 0.75 mm^2，其他电缆线芯截面积不小于 0.75 mm^2。

（5）控制柜外形尺寸：1600 mm（高）$\times$800 mm（宽）$\times$450 mm（厚），采用优质冷轧钢板制造，内外喷塑。

3.2.5 系统控制设备和信号采集设备

系统控制设备相关性能参数见表 3.2-7。

表 3.2-7 控制设备

序号	设备名称	性 能 参 数	数量	备 注
1	补水电磁阀	DC24V/2 A	1	水箱补水
2	变频水泵	AC380V/0.75 kW	1	恒转矩范围 5~50 Hz
3	电动调节阀	DN25；AC220V；输入/输出 4~20 mA	2	用于调节供水压力及流量
4	电动调节阀	DN20；AC220V；输入/输出 4~20 mA	8	用于调节供气流量
5	供水电磁阀	DC24V/2 A	8	开启喷头供水管路
6	供气电磁阀	DC24V/2 A	8	开启喷头供气管路
7	数字电控减压阀	电源 DC24V；输入 4~20 mA；输出 1~5 V；9 芯电缆	8	用于调节喷头供气压力

信号采集设备相关性能参数见表 3.2-8。

表 3.2-8 信号采集设备

序号	设备名称	性 能 参 数	数量	备 注
1	液位计	DC24V；输出 4~20 mA；	1	采集储水容器水位
2	电动调节阀	DN25；AC220V；输入/输出 4~20 mA	2	反馈阀位信号
3	电动调节阀	DN20；AC220V；输入/输出 4~20 mA	8	反馈阀位信号
4	数字电控减压阀	电源 DC24V；输入 4~20 mA；输出 1~5 V；9 芯电缆	8	反馈二次侧压力
5	水流量计	电源 DC24V；RS485 通信	8	采集喷头供水流量
6	气体流量计	电源 DC24V；RS485 通信；读取流量、压力信号	8	采集喷头供气流量和压力
7	压力传感器	DC24V；输出 4~20 mA	9	采集水泵供水管路、喷头入口压力

3.2.6 控制采集方式及性能

（1）系统工作流程。喷头试验时,通过控制柜开启变频水泵起压后,通过上位机频率设定参数自动运行。当压力或流量不匹配时,可通过电控调节阀控制喷头的水流量和压力,开启的喷头号需根据管网布置方式保证流量平衡分配。在此过程中,PLC 自动执行各参数,使系统达到所需的水压和流量,并通过各回路上流量计和压力传感器反馈实时数据,并在上位机软件显示并存储试验数据及曲线报表。手动冷喷,通过上位机软件设定各参数,PLC系统输出模拟量信号,控制各设备运行并达到目标参数,同时记录当前参数并以文件形式存储于工控机中。自动试验时通过读取上位机软件设定参数,PLC 程序自动执行各指令,完成试验。系统工作流程如图 3.2-13 所示。

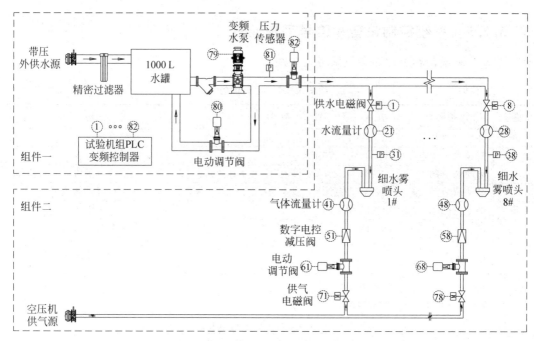

图 3.2-13 系统工作流程

（2）工控机实时显示水箱液位、供水/供气管路流量、压力及电动设备状态，同步生成报表，实时记录每秒水、空气的流量和压力，以及二者的比例值，并能将报表导出至 U 盘，生成 Excel 表格及历史曲线。

（3）人机交互：完成系统实时参数显示、存储、功能设定。交互界面包括数据显示和设备运行主界面、控制界面、参数调整界面、数据记录导出界面等，如图 3.2-14～图 3.2-20 所示。

图 3.2-14 主界面

图 3.2-15　系统菜单

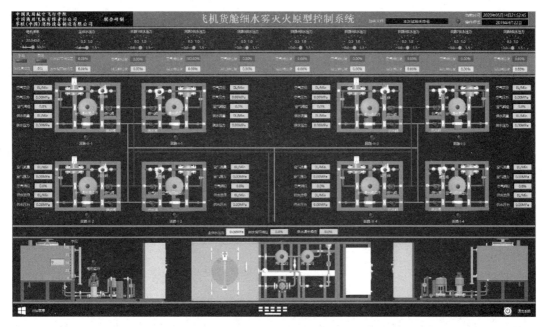

图 3.2-16　主工作界面

（4）控制系统能根据设定的水、气参数动态调节供水、供气流量及压力，并实时反馈调节运行数据。在系统冷喷试验阶段，控制系统可通过触控屏实时在线调节各控制点。

（5）控制系统的设计充分考虑系统容量，具备充足的接口数量和完善的数据处理能力，通信的抗干扰能力和动作响应性能完全满足试验需求。

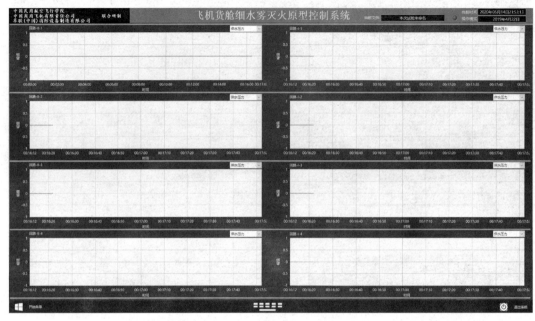

图 3.2-17　实时曲线

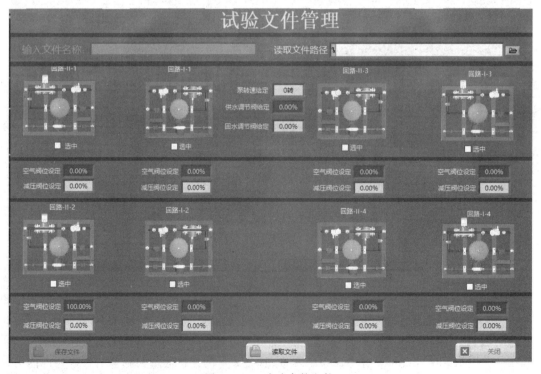

图 3.2-18　冷喷参数文件

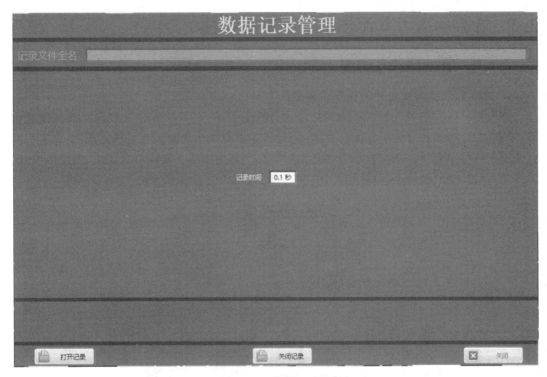

图 3.2-19 数据记录设置

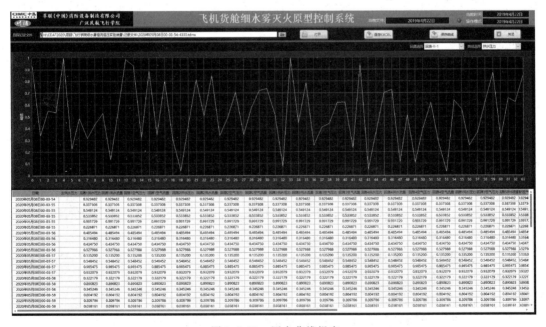

图 3.2-20 历史曲线报表

3.3 低驱动压力双流体细水雾雾场特性

3.3.1 雾滴碰撞动力学

1. 细水雾液滴运动过程的微观机理研究

在本部分实验中自主搭建了液滴碰撞动力学实验平台,其功能包括控制液滴滴落的参数(液滴体积、碰撞速度),控制固体表面的温度,拍摄液滴运动和结冰过程的视频,测量液滴在表面上的接触角等。本实验平台主要由以下几个部分组成:接触角测量仪、高速摄像仪、温控箱、背景光源、针管、固体表面等,实验装置布置如图 3.3-1 所示。

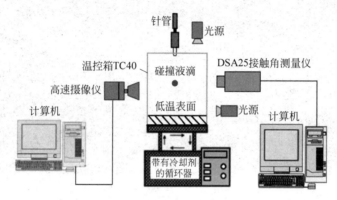

图 3.3-1　实验装置示意图

液滴采用的是除去了呈离子形式杂质后的去离子水。实验用固体材料采用的是经过机械抛光的不锈钢,不锈钢的尺寸是 $50.0\text{ mm} \times 50.0\text{ mm} \times 1.5\text{ mm}$,倾斜角度分别是 $0°$、$30°$和 $45°$。实验是在常温环境中进行的,因此不锈钢表面和液滴的温度都可以认为是 $25℃$,环境的相对湿度是 $25.0\% \pm 1.0\%$。在室温下,经测量得到,液滴在不锈钢表面上的静态接触角为 $\theta_E = 105° \pm 1.4°$,前进接触角为 $\theta_A = 110° \pm 2.8°$,后退接触角为 $\theta_R = 70° \pm 3.5°$。根据液滴在不锈钢表面上的接触角可以判断本文使用的不锈钢表面为疏水表面。在实验中,将液滴体积控制为 10 μL。为了验证液滴体积的准确性,本文对高速摄像仪拍摄的液滴撞击前的图像进行了像素分析。根据前人研究可知,由于液滴形状在滴落过程中近似椭圆,故常用其等效直径 $D_0 = (D_v D_h^2)^{1/3}$ 来衡量液滴的大小,D_v 和 D_h 分别表示液滴的垂直方向和水平方向的直径。为了验证液滴尺寸的可控性和可重复性,实验前进行了 100 次滴液测试,经过像素分析得到液滴的等效直径 $D_0 = 2.62\text{ mm} \pm 0.018\text{ mm}$,计算可得液滴的等效体积 $V_0 = 9.42\text{ μL} \pm 0.19\text{ μL}$,本文将以液滴的等效直径和等效体积为准。实验中将液滴下落时距离壁面的高度分别控制为 10 mm、25 mm、50 mm、75 mm 和 100 mm。可以求得,液滴碰撞前瞬间的速度分别为 0.44 m/s、0.70 m/s、0.99 m/s、1.21 m/s 和 1.39 m/s。

1) 铺展直径的变化规律

图 3.3-2 表示液滴以 1.21 m/s 的速度垂直碰撞在常温水平不锈钢表面上的运动过程,此时液滴的韦伯数为 52.8。整体来看,液滴垂直碰撞在不锈钢表面上之后,首先进入动力学阶段,该阶段通常是非常短暂的,因此略去对这一阶段的讨论。接下来进入铺展阶段,液

滴以碰撞点为中心开始向四周铺展,铺展直径持续增大,在这一过程中液滴的动能逐步转换为液滴的表面能、内能和内部流体的动能,在 3.5 ms 时达到最大铺展直径 6.74 mm,此时表明铺展阶段结束。随后液滴在表面张力的作用下开始回缩,进入回缩阶段,此时铺展直径持续减小,在 18 ms 时达到最小值,回缩阶段结束。随后液滴进入振荡阶段,在表面张力和惯性力的作用下持续振荡,大约在 340 ms 时结束。最后液滴进入稳定润湿阶段,稳定时液滴的铺展直径为 3.39 mm。

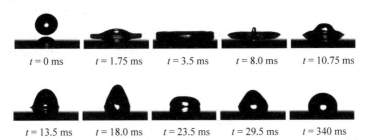

| $t = 0$ ms | $t = 1.75$ ms | $t = 3.5$ ms | $t = 8.0$ ms | $t = 10.75$ ms |
| $t = 13.5$ ms | $t = 18.0$ ms | $t = 23.5$ ms | $t = 29.5$ ms | $t = 340$ ms |

图 3.3-2　液滴以 1.21 m/s 的速度垂直碰撞在水平常温不锈钢表面上的运动过程

为了定量研究碰撞速度对液滴垂直碰撞在水平常温不锈钢表面上的运动过程的影响,本文通过对实验图像进行处理,提取出了液滴的无量纲铺展直径(D/D_0)随时间的变化规律,如图 3.3-3 所示。可见,在各个工况下,液滴的无量纲铺展直径均呈现先增大,再减小,最后保持稳定的趋势。液滴的韦伯数越大,无量纲铺展直径所能达到的峰值越大,这是因为液滴的铺展直径主要由液滴本身的惯性力决定,而韦伯数越大表明液滴的惯性力越大。但是无量纲铺展直径达到峰值的时间基本不受韦伯数的影响。在大约 50 ms 时,液滴的无量纲铺展直径已经基本保持不变,并且所有实验中液滴的稳定铺展直径基本相同,这说明韦伯数对液滴的稳定无量纲铺展直径基本没有影响。导致这一现象的原因是,液滴在表面上的稳定润湿状态,主要取决于其静态接触角的大小,故而不同韦伯数的液滴碰撞在同一表面后的稳定铺展直径基本相同。

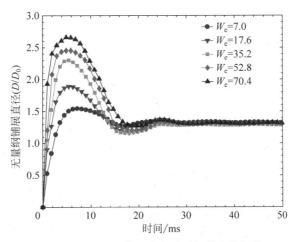

图 3.3-3　无量纲铺展直径随时间的变化规律

2)振荡周期的变化规律

液滴的铺展直径在 50 ms 时就已经达到稳定,但是实际上在 50 ms 时液滴还处于振荡阶段,这说明液滴铺展直径虽然可以很好地表征液滴的铺展和回缩阶段,但是它不能全面地表征液滴的振荡阶段,因此本节将根据液滴高度的变化研究液滴的振荡阶段。图 3.3-4 给出了液滴垂直撞击水平常温不锈钢表面的各个工况中液滴高度随时间的变化规律,这里液滴高度指的是液滴的最高位置距表面的距离。从图 3.3-4 可以发现,液滴碰撞在固体表面后,会持续地进行周期性的振荡,直到其达到稳定润湿状态。液滴高度变化的第一个波谷对应的是液滴高度最低的时刻,也就是铺展直径达到最大的时刻,这个谷值的大小随着韦伯数的增大而减小。这是因为液滴的韦伯数越大,其最大铺展直径越大,进而使得液滴的最低高度越小。另外,各个工况下液滴的稳定高度基本相同,结合各个工况下液滴的稳定铺展直径基本相同的结论可知,液滴垂直碰撞在常温表面后稳定润湿的形态基本相同,几乎不受碰撞速度(韦伯数)的影响。

彩图

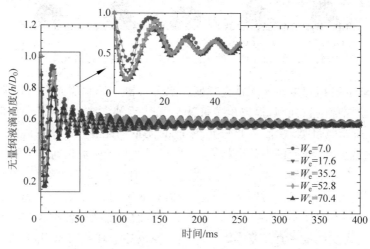

图 3.3-4 无量纲液滴高度随时间的变化规律

并且各个工况下液滴的振荡周期非常接近,即液滴的振荡周期基本不随液滴碰撞速度的变化而发生变化。对于这一现象,可以将液滴高度的振荡过程看作是有阻尼的正弦振荡,振荡周期主要由液滴直径和表面张力系数决定,而与液滴碰撞速度无关,所以液滴的振荡周期基本不受碰撞速度的影响。

2. 液滴撞击超疏水冷表面的反弹/黏附特性研究

本部分实验中使用的固体表面为氧化铜超疏水表面,以铜片为基底,通过化学氧化法构建氧化铜纳米结构,再经过氟化修饰。经测量得到,本超疏水表面的静态接触角为 169°,前进接触角为 171°,后退接触角为 167°,证明其具有良好的超疏水性。滴液系统采用 KRUSS DSA25 接触角测量仪来产生液滴,改变液滴的滴落高度来控制液滴的碰撞速度。高速摄像系统采用 PCO-12000 hs 高速摄像仪,帧率可达 4000 帧/秒。制冷系统采用 KRUSS-TC40 温控箱来提供稳定的低温环境。温控箱内部尺寸是 110 mm × 105 mm × 65 mm,四壁开有观察孔,用石英玻璃密闭,方便高速摄像仪的拍摄。为了避免水蒸气在固体冷表面上的冷凝现象,从实验开始前就向温控箱中通入高纯氮气,直至实验结束。通过分析撞击前瞬间的液滴图像得到,液滴的等效直径 $D_0 = 2.45$ mm ± 0.01 mm,液滴从 100 mm 下落时的碰撞速度 $U_0 = 1.39$ m/s ± 0.01 m/s。根据韦伯数定义 $We = \rho U_0^2 D/\sigma$ 可知,液滴韦伯数为 62。

实验采用的液体是去离子水,实验环境温度保持在 25℃,环境湿度为 25.0%±1.0%。实验中氧化铜超疏水表面的温度(T_w)分别为 25℃、−10℃、−15℃、−20℃、−25℃、−30℃、−35℃、−40℃。

1) 数值模型研究

(1) VOF 模型

本研究中采用 VOF 方法来追踪不混溶不可压缩两相流之间的自由界面,在流场中定义一个标量函数 α,表示流体的体积分数。界面的移动方程可以表示为下式:

$$\frac{\partial \alpha}{\partial t} + \nabla \cdot (\alpha \boldsymbol{u}) + \nabla \cdot [\boldsymbol{u}_r \alpha (1-\alpha)] = 0 \tag{3.3-1}$$

其中,α 对气相、液相均适用,有 $\alpha_g + \alpha_l = 1$,α_g 表示气相体积分数;α_l 表示液相体积分数。

不可压缩两相流的连续性方程和动量方程如下式所示:

$$\nabla \cdot \boldsymbol{u} = 0 \tag{3.3-2}$$

$$\frac{\partial (\rho \boldsymbol{u})}{\partial t} + \nabla \cdot (\rho \boldsymbol{u} \boldsymbol{u}) = -\nabla p + \nabla \mu [\nabla \boldsymbol{u} + (\nabla \boldsymbol{u})^T] + \rho \boldsymbol{g} - \sigma k \delta(\varphi) \nabla \varphi + \boldsymbol{S}_y \tag{3.3-3}$$

式(3.3-3)左边为非稳态项和对流项,右边为压力项、黏性项、体积力项和表面张力源项。其中,ρ 表示密度,$\boldsymbol{u}$ 表示速度矢量,p 表示压力,$\boldsymbol{g}$ 表示重力加速度,$\nabla \mu [\nabla \boldsymbol{u} + (\nabla \boldsymbol{u})^T]$ 表示黏性应力矢量,$\boldsymbol{S}_y$ 表示动量源项,$-\sigma k \delta(\varphi) \nabla \varphi$ 为基于连续表面力模型添加的表面张力源项。

为考虑相变过程对液相流动带来的影响,本文在动量方程中引入了动量源项 $\boldsymbol{S}_y$。假定固液混合区域内的运动遵守多孔介质内流动的达西定律,则可得出动量源项如下式所示:

$$\boldsymbol{S}_y = -\frac{(1-\gamma)^2}{\gamma^3 + \varepsilon} A_{mush} \boldsymbol{u} \tag{3.3-4}$$

其中,γ 为液固两相中液相的体积分数;A_{mush} 为黏附系数,与多孔介质的状态有关;ε 为极小值($\varepsilon = 0.001$),用以避免分母变为 0。根据式(3.3-4)可知,当计算单元中全部为液相时,$\gamma = 1$,此时动量源项 $\boldsymbol{S}_y = \boldsymbol{0}$,即动量源项没有对计算单元内的动量产生影响。当计算单元中同时包含液固两相时,$0 < \gamma < 1$,此时 $\boldsymbol{S}_y \neq \boldsymbol{0}$,即固相对计算单元内的动量产生了一定的抑制作用。当计算单元中全部为固相时,$\boldsymbol{S}_y$ 的值非常大,使得计算单元内的动量接近 0。

(2) 凝固-融化模型

本文通过求解基于焓的能量方程来追踪相变界面,方程基本形式如下:

$$\frac{\partial (\rho H)}{\partial t} + \nabla \cdot (\rho \boldsymbol{u} H) = \nabla \cdot (\lambda \cdot \text{grad} T) \tag{3.3-5}$$

其中,H 是单位体积的焓;λ 是导热系数。焓 H 为显热 h 和潜热 ΔH 之和。在包含气液固三相的能量方程中,将固相看作液相的一部分,则 H 可以表示为下式:

$$H = h + \Delta H = h_{ref} + \int_{T_{ref}}^{T} c \, dT + \alpha_l \gamma L \tag{3.3-6}$$

其中,同时出现了 α_l 和 γ,尽管 α_l 和 γ 都代表液相体积分数,但它们的含义是截然不同的。其中,α_l 表示气液两相中液相的体积分数,而 γ 则表示液固两相中液相的体积分数。

将式(3.3-6)代入式(3.3-5)中,可以得到包含气液固三相的能量方程式,如下式所示:

$$\frac{\partial(\rho cT)}{\partial t} + \nabla \cdot (\rho \boldsymbol{u} cT) = \nabla \cdot (\lambda \cdot \mathrm{grad}\,T) + S'_h \tag{3.3-7}$$

其中,能量源项 S_h 为

$$S_h = -L\left[\frac{\partial(\rho\alpha_1\gamma)}{\partial t} + \mathrm{div}(\rho\boldsymbol{u}\alpha_1\gamma)\right] \tag{3.3-8}$$

在传统的能量方程中,通常把液相体积分数 γ 和温度 T 的关系表示为分段线性函数,需要通过迭代来不断更新温度场 T 和液相体积分数 γ。本文将液相体积分数 γ 表示为温度的连续函数,如下式所示:

$$\gamma = 0.5\,\mathrm{erf}\left[\frac{4(T-T_m)}{T_1-T_s}\right] + 0.5 \tag{3.3-9}$$

其中,T_m 为液态温度 T_1 和固态温度 T_s 的平均值。根据前人研究可知,当求解等温凝固问题时,液固相变界面上速率为零,ΔH 项发生了阶梯变化,因此能量源项中的对流项取值应为 0,即能量源项中应仅包含非稳态项。将式(3.3-9)代入式(3.3-8)中,则可以得到能量源项 S_h 的最终形式:

$$S_h = -\rho\alpha_1 L\,\frac{4\exp\left[\dfrac{4(T-T_m)}{T_1-T_s}\right]^2}{(T_1-T_s)\sqrt{\pi}} \cdot \frac{\partial T}{\partial t} \tag{3.3-10}$$

基于式(3.3-9)和式(3.3-10),可以省去通过迭代更新温度场的过程,从而使能量方程可以更快地收敛,进而提高了计算的效率和稳定性。

2)液滴撞击超疏水冷表面的反弹和黏附行为

图 3.3-5 给出了等效直径 2.45 mm,碰撞速度 1.39 m/s 的液滴撞击在 $-10℃$ 超疏水冷表面的现象,此时 $We=62$。首先,液滴撞击到表面后以碰撞点为中心向四周铺展,铺展直径逐渐增大,最大值约为 6.45 mm。随后,液滴在表面张力作用下向中心回缩并反弹,并且液滴会彻底脱离冷表面。最后,两个小液滴在上升至最大高度后回落到冷表面上。整体来看,当超疏水冷表面为 $-10℃$ 时,液滴未发生冻结,说明此温度下该表面具备良好的超疏水性能。

图 3.3-5　液滴撞击 $-10℃$ 超疏水冷表面的反弹行为

图 3.3-6 给出了同样工况的液滴撞击－30℃的超疏水冷表面的现象。液滴所能达到的最大铺展直径约为 6.33 mm，这与－10℃表面基本一致，表明超疏水冷表面的温度对于液滴的铺展阶段基本没有影响。而不同的是，液滴在回缩之后不能完全反弹，有一部分液滴冻结并粘连在表面上，但液滴上部未冻结部分仍然具有上升趋势，最终脱离主液滴。而主液滴在冷表面上持续振荡，直至稳定。这表明在－30℃的超疏水冷表面上，液滴在还没有完全脱离表面时就形成了结冰冰核。从以上两组对比实验可以看出，随着超疏水冷表面的温度降低，液滴在碰撞过程中会更快地形成冰核，从而导致液滴底部发生结冰，进而黏附在冷表面上，形成从反弹向黏附的响应方式的转变。

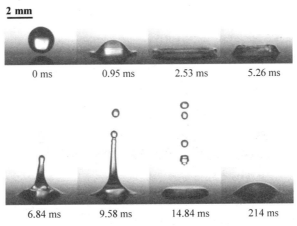

图 3.3-6　液滴撞击－30℃超疏水冷表面的黏附行为

3）液滴反弹/黏附行为的临界表面温度

根据上节分析，液滴撞击超疏水表面后会出现反弹和黏附两种响应方式，将本文所有工况下的液滴（$We=62$）达到最大反弹高度的图像展示于图 3.3-7。在图 3.3-7（a）中，当表面温度高于－20℃时，液滴均能够反弹脱离表面，不发生冻结。造成这种现象的原因是：①液滴在超疏水冷表面上的异相成核所需能量较高，可以有效抑制冰核的形成；②由于超疏水表面具有极强的憎水性，使得液滴在运动过程中的动态接触角较大，更加快速地脱离表面。而在图 3.3-7（b）中，当表面温度低于－25℃时，有部分液滴冻结黏附在表面上。这是因为液滴在与冷表面接触的时间里，固-液界面处形成了冰核，触发了液滴的结冰过程。从液滴反弹的最大高度来看，随着表面温度从－25℃降到－40℃，主液滴顶部能够达到的最大高度减小，这是由于随着表面温度的降低，液滴在冷表面上的结冰速率加快，使得液滴未冻结部分的剩余动能减小更快。综上所述，在本文工况下，液滴撞击超疏水冷表面后发生反弹的临界表面温度介于－25℃和－20℃之间。从机理上来说，两种响应方式主要取决于液滴与冷表面的接触时间和冰核形成的延迟时间之间的相对快慢。

图 3.3-8 展示了不同表面温度下液滴无量纲铺展直径的变化情况。在撞击后液滴首先迅速铺展，在 2～3 ms 内即达到最大铺展直径，并且数值大小与表面温度基本无关，均在 2.5 左右，铺展时间也非常相近，均为 2.5 ms 左右。说明超疏水表面的温度对液滴铺展阶段的影响较小。在液滴的响应方式为反弹的四种工况中（＞－20℃），液滴的铺展直径逐渐

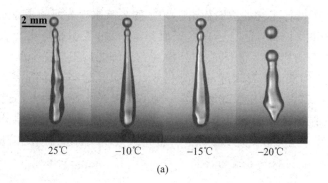

(a)

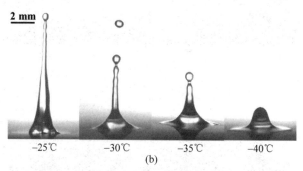

(b)

图 3.3-7　液滴撞击不同温度的超疏水表面的响应方式
（a）反弹；（b）黏附

减小至 0,意味着液滴完全反弹,脱离了表面。并且随着表面温度的降低,液滴完全反弹的时间增加,表明表面温度越低,就越会增大液滴与表面的接触时间。这是由于在低温条件下液滴的黏性增加,动能耗散加快,回缩速率减慢。在液滴的响应方式为黏附的四种工况中（<−25℃）,液滴的铺展直径在达到最大值后逐渐减小,直至在某一数值稳定。表面温度越低,稳定铺展直径越大,这同样是因为液滴黏性增加,液滴回缩程度减小。

彩图

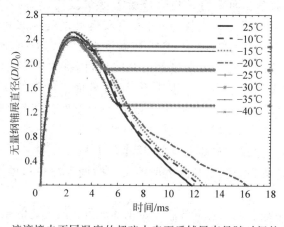

图 3.3-8　液滴撞击不同温度的超疏水表面后铺展直径随时间的变化情况

　　图 3.3-9 为液滴脱离表面后底端到表面的距离,即反弹高度。随着表面温度的降低,液滴的最大反弹高度显著降低,并且再次落回表面的时间也缩短。这是由于随着表面温度降

低,液滴向表面散失的热量更多,液滴温度更低,液滴黏性耗散更大,导致液滴反弹时具有的动能更小。

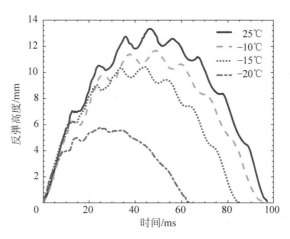

图 3.3-9 液滴撞击不同温度超疏水表面的反弹高度

4）液滴碰撞特性对反弹/黏附行为的影响

结合上文中所构建的数值模型,对液滴碰撞过程的实验结果和模拟结果进行比较。初始直径为 2.45 mm,初始温度为 25℃的液滴以 1.39 m/s 的速度撞击−15℃水平超疏水冷表面的 A_{mush} 的取值为 $3×10^4$。由于液滴碰撞水平表面的过程可以认为是轴对称的,因此将计算域简化为二维轴对称楔形区域。每毫米划分 60 个网格,对冷表面采用无滑移和 Kistler 动态接触角边界条件和定温边界条件。图 3.3-10 展示了模拟结果和实验结果的对比情况,蓝色部分表示液相（水）,红色部分表示固相（冰）,可见模拟得到的液滴行为与实验结果基本一致。数值模拟结果中液滴在底部发生了冻结的情况下依然能够反弹,脱离表面,这是因为液滴底部只有极少部分发生了冻结,因此黏滞阻力较小,再加上超疏水表面具有极强的憎水性,使得液滴依然能够克服黏滞阻力,最终反弹,脱离表面。

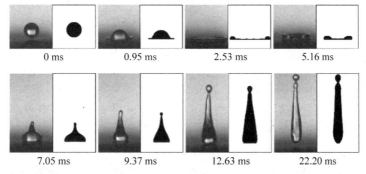

彩图

图 3.3-10 液滴撞击−15℃水平超疏水冷表面的运动过程:实验（左）和模拟（右）

图 3.3-11 给出了液滴的无量纲铺展直径随时间的变化规律,模拟结果与实验结果在无量纲铺展直径的数值和持续时间上都非常相近。综合图 3.3-8 和图 3.3-9,可以确定本文采用的数值模型可以准确地预测液滴撞击超疏水冷表面后的反弹行为。

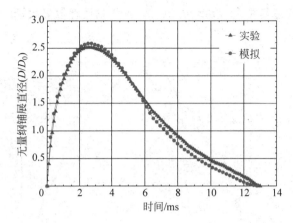

图 3.3-11　液滴撞击－15℃水平超疏水冷表面的无量纲铺展直径随时间的变化规律

韦伯数（$We=\rho U_0^2 D/\sigma$）和奥内佐格数（$Oh=\mu/\sqrt{\rho D_0 \sigma}$）是表征液滴碰撞特性的重要参数。本节通过模拟不同韦伯数（$We\leqslant120$）和奥内佐格数（$0.016\leqslant Oh\leqslant0.032$）的液滴撞击－15℃超疏水冷表面后的运动、传热相变过程，分析了液滴响应方式（反弹/黏附）与韦伯数、奥内佐格数之间的关系，如图 3.3-12 所示。

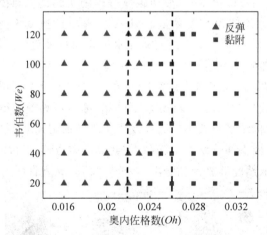

图 3.3-12　液滴的响应方式（反弹或黏附）与韦伯数和奥内佐格数的关系

从图 3.3-12 可见，液滴响应方式的转变主要取决于奥内佐格数，基本不受纵坐标韦伯数的影响，即液滴撞击后是否能够发生反弹主要受黏性力控制。当液滴的奥内佐格数 $Oh<0.022$ 时，液滴碰撞后会发生黏附行为；当液滴的奥内佐格数 $Oh>0.026$ 时，液滴碰撞后会发生反弹行为；当液滴的奥内佐格数 $0.022<Oh<0.026$ 时，液滴碰撞的响应方式处于临界范围，可能发生反弹也可能发生黏附。这是因为，Oh 越大意味着液滴内部的黏性力越大，液滴运动过程中由于黏性耗散损失的动能就越多，使得液滴不足以克服界面黏附力而反弹，离开表面。

3.3.2　雾场特性

本研究针对在不同气液比工况（气体流量：250 L/min、275 L/min、300 L/min、325 L/min

和 350 L/min；液体流量：0.5 L/min、0.75 L/min 和 1.0 L/min)下双流体细水雾雾场特性变化规律开展实验研究。在细水雾灭火实验科学研究中，对细水雾的冷态实验主要研究液体通过喷嘴产生的雾滴状态，包括雾通量、雾锥角、雾滴粒径分布、雾滴速度分布，其中雾滴粒径与雾滴速度分布共同决定了雾动量的大小。雾动量参数也是影响低气压双流体细水雾灭火有效性的重要特性之一。本节旨在利用仪器设备对双流体细水雾的雾滴粒径分布、雾滴速度以及雾动量进行研究。

1. 雾滴粒径分布

1）实验设计

一般而言，测量雾滴粒径大小就是测量细水雾雾滴粒径的分布情况，它的通用表达式如下：

$$D_{mn} = \left[\frac{\left(\sum N_j D_j^m \right)}{\left(\sum N_j D_j^n \right)} \right]^{1/(m-n)} \tag{3.3-11}$$

其中，D_j 表示粒子的直径；N_j 表示粒径为 D_j 的粒子个数。

当式(3.3-11)中 $m=1$、$n=0$ 时，D_{10} 就表示平均直径；当 $m=2$、$n=0$ 时，D_{20} 就表示液滴的平均面积；当 $m=3$、$n=2$ 时，D_{32} 表示索太尔平均粒径(Sauter mean diameter，SMD)，即将一个雾场中的单个立方体积折算成单个等体积的球体后对应的直径大小。

设定气体流量为 120 L/min、150 L/min、180 L/min、210 L/min、240 L/min 和 270 L/min，液体流量为 0.2 L/min、0.4 L/min 和 0.6 L/min，采用 Spraytec 马尔文粒径分析仪结合 Spraytec 软件来进行细水雾雾滴粒径的测量，该软件通过记录雾场穿过马尔文粒径分析仪发射的激光的穿透率，将其换算成雾滴粒径的大小，来表征指定区域内的雾滴分布。将设备放置在距离细水雾喷头 1 m 处，将参数输入细水雾灭火控制平台中，开启马尔文粒径分析仪设备，不同气液比工况下的细水雾经过测量区域，数据在软件中被实时记录，等待数据稳定后，关闭细水雾、软件，进行数据分析，实验测量实物图如图 3.3-13 所示。

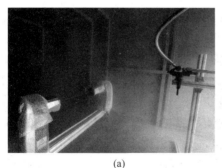
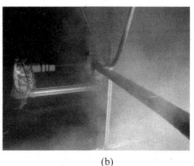

(a)　　　　　　　　　　　　　(b)

图 3.3-13　雾滴粒径分布测量实物

2）结果分析

表 3.3-1 为正常大气压条件下测量的各工况下雾滴粒径结果，图 3.3-14 为所测量结果的直观表示图，横坐标为气体流量，纵坐标表示雾滴粒径，不同曲线代表不同液体流量。从图 3.3-14 可以发现，雾滴粒径随着气体流量的增大而减小，随着液体流量的增大而增大。这是因为液体流量不变时，增大气体流量会导致气体压力变大，此时气体对液

相水的作用力变大,击碎原来的液滴,使其成为更小的液滴,故此时雾滴粒径减小;当液体流量增大,气体流量不变时,细水雾中液相水的部分变多,由于气体的作用力不变,故此时雾滴粒径变大。

表 3.3-1　正常大气压条件下雾滴粒径测量结果　　　　　单位：μm

液体流量/(L/min)	气体流量/(L/min)				
	150	180	210	240	270
0.2	97	90	75	64	60
0.4	103	95	88	78	65
0.6	115	105	93	87	75

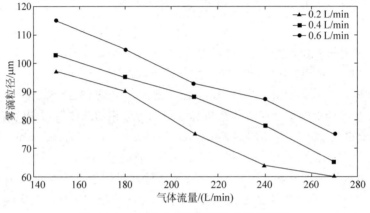

图 3.3-14　正常大气压雾滴粒径测量结果

2. 雾滴速度分布

1) 实验设计

本研究利用粒子图像测速(particle image velocimetry,PIV)系统,测量在气体流量分别为 250 L/min、275 L/min、300 L/min、325 L/min 和 350 L/min,液体流量分别为 0.5 L/min、0.75 L/min 和 1.0 L/min 工况下的细水雾雾滴速度分布。该系统能够测试二维流场以及三维流场,其中含有多个分析模块,可以用来分析浓度场、速度场以及颗粒场(粒径分析/动量场)。在所述流场中加入大量示踪粒子(粒径小于 10 μm)以便于跟随流场一起运动,将激光束经过组合透镜形成的两段片光按规定的帧数照亮流场,使用数字摄像机拍摄此时流场照片,得到前后两帧的粒子图像。对所得图像进行互相关计算,得到流场的一个切面内速度分布,进一步得到流场的速度流线以及流场涡量等特性参数分布。

由于本次采用低气压双流体细水雾,其雾滴粒径能够满足示踪粒子的需求,因此本次实验不需再加入示踪粒子。细水雾喷头的雾锥角为 180°,将喷头横向固定,将片光标定在细水雾喷嘴处。在细水雾喷嘴正前方摆放 CCD 摄像机来拍摄喷头喷射的右侧,分析右侧区域的雾滴速度变化。因为喷头是以雾锥角 180°喷射,形成圆形区域,故拍照一侧即可。设置拍摄 200 张,由于片光是以一定的帧数交替射出,所以最后处理 100 组照片即可在降低误差的情况下分析出雾滴速度分布。实验布置图与实验测量图如图 3.3-15 所示。

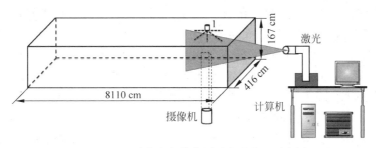

图 3.3-15　雾滴速度分布测量实验布置示意图

2）结果分析

图 3.3-16 所示为相同液体流量、不同气体流量工况下的雾滴速度分布图，可以得出：

（1）雾滴发生时，随着雾滴与喷头距离增加，雾滴速度逐渐减小。这是因为，气液比形成的工作压力将细水雾以一定的速度喷射出去，随着喷射距离的增加，雾滴自身的重力以及

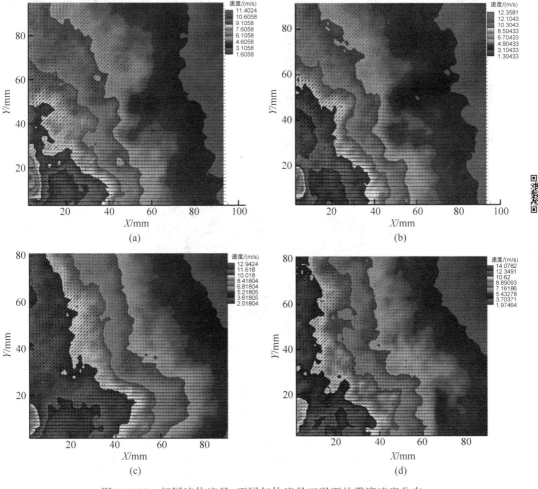

图 3.3-16　相同液体流量、不同气体流量工况下的雾滴速度分布

（a）气：250 L/min，液：0.5 L/min；（b）气：275 L/min，液：0.5 L/min；

（c）气：300 L/min，液：0.5 L/min；（d）气：325 L/min，液：0.5 L/min

空气阻力会使雾滴速度缓慢减小。在图 3.3-16(a)中,雾滴速度呈环状分布,在喷头周围 0～100 mm 范围内,雾滴速度从 11.4 m/s 减小至 1.6 m/s。

(2) 在相同的液体流量情况下,随着气体流量从 250 L/min 增至 325 L/min,对应的雾滴速度呈增大趋势。可结合动量守恒定律得知其原因,当雾滴质量减小,雾滴速度增加。例如,当液体流量保持 0.5 L/min 时,产生的雾滴速度从 11.4 m/s 增至 14.1 m/s;当液体流量保持 0.75 L/min 时,产生的雾滴速度从 10.56 m/s 增至 12.56 m/s;当液体流量保持 1.0 L/min 时,产生的雾滴速度从 8.51 m/s 增至 10.79 m/s。相同的液体流量情况下,随着气体流量增大,雾滴速度的平均增长率为 1.25。

图 3.3-17 所示为相同气体流量、不同液体流量工况下产生的雾滴速度分布图,可以得到以下结论。

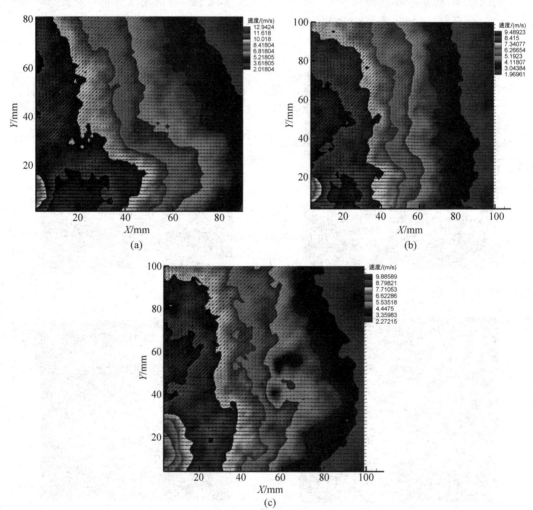

图 3.3-17　相同气体流量、不同液体流量工况下的雾滴速度分布

(a) 气:300 L/min,液:0.5 L/min;(b) 气:300 L/min,液:0.75 L/min;(c) 气:300 L/min,液:1.0 L/min

(1) 随着液体流量的增加,产生的雾滴速度分布均匀程度降低。当液体流量增至 1.0 L/min 时,较大速度区域在喷嘴上方显示,这是因为气液比的配比程度会影响雾场的均

匀程度,在提供相同的气体流量,逐渐增加液体流量的过程中,气体在细水雾喷头里击碎单个液滴的面积增加,使得产生的雾滴速度分布稳定度降低。

(2) 在相同的气体流量情况下,随着液体流量从 0.5 L/min 增至 1.0 L/min,产生的雾滴速度逐渐减小。如,当气体流量保持 250 L/min 时,液体流量增大,产生的雾滴速度从 11.4 m/s 减小至 8.51 m/s。相同的气体流量情况下,随着液体流量增大,雾滴速度的平均降低率为 1.3。

综上所述得出,液体流量不变,气体流量增加,雾滴速度增大;气体流量不变,液体流量增大,雾滴速度减小。不同气液比工况下的雾滴速度分布图如图 3.3-18 所示,可以得出,在三组不同液体流量工况下,随着气体流量从 250 L/min 增至 350 L/min,对应的雾滴速度均以 0.04 的增长率上升,拟合得出三组函数关系式。

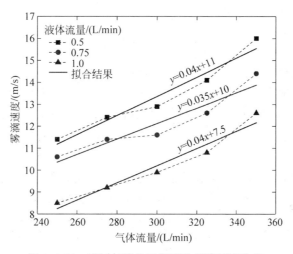

图 3.3-18　不同气液比工况下的雾滴速度分布

3. 雾动量

1) 实验设计

动量关系式的定义为物体质量与对应的速度的乘积,故在此基础上,雾动量是由雾滴速度与雾滴质量共同决定的。对于雾滴质量,假设细水雾的雾滴形状为球体,已知雾滴粒径以及水的密度。水的密度关系式如下式所示:

$$\rho_1 = \frac{m}{V} \tag{3.3-12}$$

其中,ρ_1 表示水密度,kg/m³;m 表示雾滴质量,kg;V 表示雾滴体积,m³,由下式计算:

$$V = \frac{4}{3}\pi R^3 \tag{3.3-13}$$

其中,R 表示雾滴半径,m。

由式(3.3-12)和式(3.3-13)最终得到如下雾滴质量关系式:

$$m = \frac{1}{6}\rho_1 \pi D^3 \tag{3.3-14}$$

其中,D 表示雾滴粒径,m。

忽略细水雾喷头中的组件部分造成的压力损失,假设气液比产生的压力全部转化为雾滴的动能,雾滴形状为球状,由伯努利方程得到下式:

$$\frac{p_0}{\rho g} + \frac{v_0^2}{2g} = \frac{p_1}{\rho g} + \frac{v_1^2}{2g} \tag{3.3-15}$$

在细水雾灭火系统中,提供的气体压力最大能够达到 1.2 MPa,远大于大气压力,因此水的流入速度 v_0 远小于喷出速度 v_1,对此不做计算。同时,细水雾流出的压力同样也忽略不算,所以可得细水雾从喷头喷出时的速度表达式,如下式所示:

$$v_1 = \sqrt{\frac{2p_0}{\rho}} \tag{3.3-16}$$

其中,p 表示喷雾压力,Pa;v_1 表示雾滴速度,m/s。

则在假设低驱动压力双流体细水雾雾滴形状为球状时,结合雾动量关系式和式(3.3-16),得下式:

$$I = \frac{1}{6} n \rho_1 \pi D^3 \sqrt{v_x^2 + v_y^2 + v_z^2} \tag{3.3-17}$$

其中,n 表示雾滴数量;v_x、v_y、v_z 分别表示雾滴在三个方向上的速度分量,m/s。

本次将采用每组速度最大的数值运用到雾动量分析中。原因在于火源放置在离喷嘴 1 m 位置处,每组工况下的速度分布都是呈环状的,且在离喷嘴 100 mm 处速度已经降到 1 m/s,所以采用最大速度表征该气液比工况下产生的雾动量情况。

2) 结果分析

结合雾滴粒径、雾滴速度及雾动量关系式,能够得出各气液比工况下的雾动量大小,图 3.3-19 所示为不同气液比工况下的雾滴动量变化趋势,可以得出:

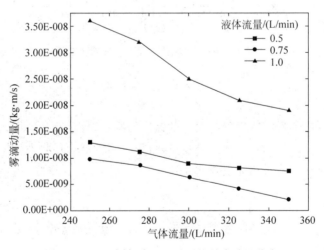

图 3.3-19 不同气液比工况下的雾滴动量分布

(1) 当液体流量保持不变,气体流量增大,雾滴动量减小。这是因为雾滴动量由雾滴质量和雾滴速度共同决定,雾滴质量由雾滴粒径大小决定,从雾动量表达式可以得出,雾滴粒径可以直接导致低气压细水雾雾动量的大小,所以雾动量的趋势与不同气液比工况下的雾滴粒径趋势大致相同。当液体流量为 0.5 L/min 时,气体流量从 250 L/min 增至 350 L/min,所对应的雾滴动量从 1.3×10^{-8} kg·m/s 减小至 7.4×10^{-9} kg·m/s;当液体流量为 0.75 L/min 时,对应的雾滴动量从 9.8×10^{-9} kg·m/s 减小至 2.1×10^{-9} kg·m/s;当液体流量为 1.0 L/min 时,雾滴动量从 3.6×10^{-8} kg·m/s 减少至 1.9×10^{-8} kg·m/s。

（2）当气体流量保持不变，液体流量逐渐增加，雾滴动量先减小，后增大。由雾动量表达式可得出，雾滴动量与雾滴粒径的三次方及雾滴速度成正比，即 $I \propto D^3 v_1$。雾滴粒径以微米为计量单位，三次方的作用使得雾滴粒径值大小决定雾滴动量大小，相同工况下的雾滴粒径也是呈先减小、后增大的趋势。

4. 雾通量

在细水雾的雾通量测量实验中，结合现有实验基础，本节采用 NFPA 750 中的量杯收集法对不同工况下的雾通量进行测量，这也是测量雾通量的常用方法。将量杯按照一定的方位布置，在一段时间内对细水雾进行收集，将收集的水量除以持续施加细水雾的时间就可以算出这段时间内的雾通量。在实验中，实验平台内均匀布置有 25 个（5×5）直径为 25 cm，高为 5 cm 的圆形量杯，呈矩阵形分布，相邻量杯横向中心间距为 63 cm，纵向中心间距为 69 cm，4 个细水雾喷头布置在实验平台顶部，量杯布置如图 3.3-20 所示。持续施加细水雾 20 min，测量各个量杯收集的水量，得到不同区域的雾通量。

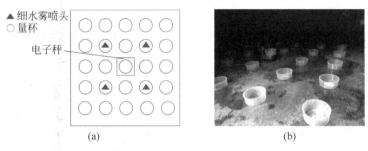

图 3.3-20　雾通量测量实验量杯布置
（a）量杯收集实验示意图；（b）量杯收集实验实物图

图 3.3-21 为相同气体流量、不同液体流量工况下的细水雾雾通量分布结果，其中，气体流量为 1200 L/min，液体流量分别为 2 L/min、3 L/min、4 L/min、5 L/min 和 6 L/min。从图 3.3-21 可以看出，在气体流量相同时，随着液体流量的增加，雾通量分布从四周逐渐向 4 个喷头叠加区域集中，且喷头叠加区域的雾通量也随之增加。这是因为，气体流量不变，液体流量加大，雾滴粒径增大，大粒径雾滴直接沉降至地面；另外，两两相邻喷头在释放细水雾时，雾滴累积、相互碰撞、凝聚等作用，使得喷头叠加区域的雾通量较大。

图 3.3-22 为不同气体流量、相同液体流量工况下的细水雾雾通量分布结果，其中，气体流量分别为 1000 L/min、1100 L/min、1200 L/min、1300 L/min 和 1400 L/min，液体流量为 4 L/min。从图 3.3-22 可以发现，雾通量分布呈不均匀的环形分布，中间雾通量较大，逐渐向四周递减。在液体流量相同时，随着气体流量的增加，可以发现实验平台四周雾通量变大，雾场保护范围增加。此外，喷头叠加区域的最大雾通量随着气体流量的增加而降低，当气体流量由 1000 L/min 增至 1400 L/min 时，叠加区域的最大雾通量减小约 32%，雾通量分布得更均匀。这是由于，在相同液体流量下，气体流量增加，雾滴粒径减小，使细水雾具有更好的弥散性。

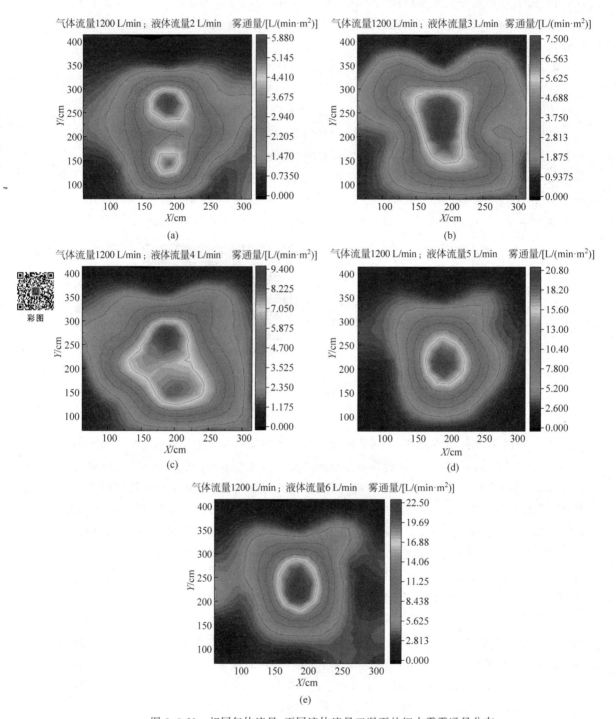

图 3.3-21　相同气体流量、不同液体流量工况下的细水雾雾通量分布

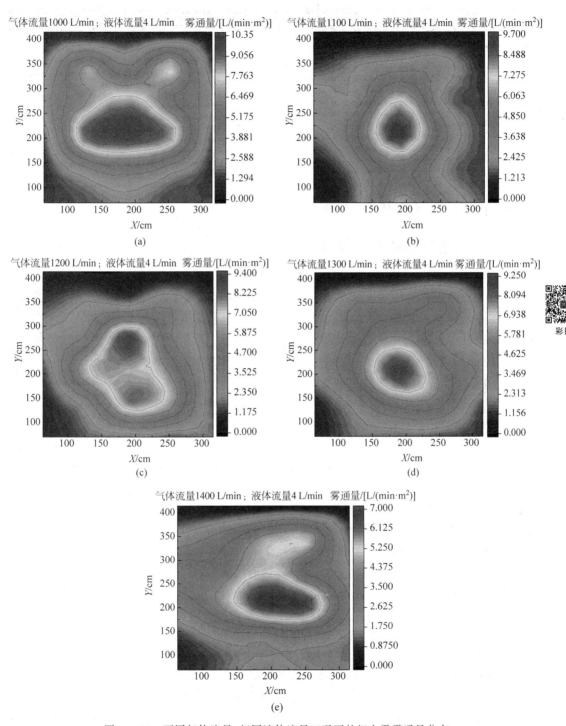

图 3.3-22 不同气体流量、相同液体流量工况下的细水雾雾通量分布

4 低驱动压力双流体细水雾抑灭火实验研究

4.1 低气压下狭小空间火灾抑灭火实验

4.1.1 低气压抑灭火实验

本研究设计了小尺寸密闭实验箱体,将其作为正常大气压(101 kPa)与低气压(60 kPa)环境下细水雾灭火有效性对比分析的硬件平台,如图 4.1-1 所示。在此基础上开展常、低气压下油池火实验,设定气体流量分别为 120 L/min、150 L/min、180 L/min、210 L/min、240 L/min 和 270 L/min,液体流量分别为 0.2 L/min、0.4 L/min 和 0.6 L/min,从灭火时间、烟气浓度、火焰温度和燃烧速率等维度研究常、低气压下细水雾抑灭油池火规律。

图 4.1-1 密闭实验箱体实物

1. 火焰温度

在火灾发生时,在密闭空间内无论是烟气的温度还是火焰的温度都将对火势的扩散蔓延和人身安全产生重要影响。了解密闭空间内气体和火焰的温度变化过程有很多好处,例如,通过经验公式或模型判断火灾的起因、持续时间、发展情况、是否会引起轰燃以及火灾特征、对周围环境的影响等。热电偶法和数值模拟法是两种常用的研究密闭空间内火焰温度分布的方法。热电偶法的缺点为:布置较离散,无法测得整个火场的温度分布。而数值模拟法的缺点为:计算过程较为繁杂,需要一定的时间成本;另外,由于需简化边界条件,使之失去一定真实性。考虑成本,本实验中使用热电偶法来测量火焰温度。

图 4.1-2 和图 4.1-3 分别为正常大气压和低气压下空白实验(即不施加细水雾的实验)的火焰温度变化曲线。正常大气压条件下,于 47 s 开始点火,温度最高达到 783℃,于 740 s 火焰熄灭,火焰持续 693 s;低气压条件下,于 60 s 开始点火,温度最高达到 614℃,于 593 s 火焰熄灭,火焰持续时间 533 s。由图 4.1-2 和图 4.1-3 可以得知,在整个灭火过程中,1 号热电偶测得的温度最低,因为此热电偶距离油面最近,在油面附近,燃油蒸汽体积分数较高,而 O_2 体积分数较低,正庚烷不能充分燃烧,故此区域的温度较低;随着燃油蒸汽的上升,在 2 号热电偶附近的区域,O_2 充足,这是燃烧反应的核心区域,燃烧反应最剧烈,释放的热量最多,温度也最高;随着燃油蒸汽的继续上升,燃烧需要的 O_2 消耗变大,故距离油面高度继续升高,火焰温度会降低。

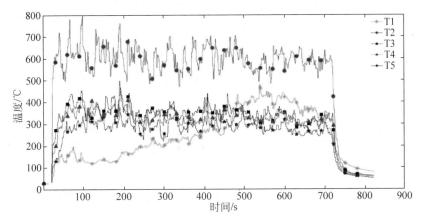

图 4.1-2　正常大气压下空白实验的火焰温度变化

彩图

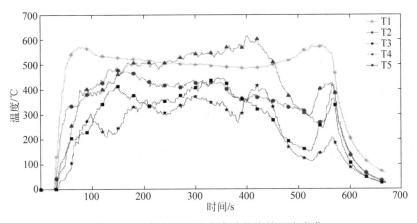

图 4.1-3　低气压下空白实验的火焰温度变化

彩图

　　图 4.1-4 和图 4.1-5 分别为正常大气压和低气压下灭火时的火焰温度变化曲线,工况条件为,气体流量为 210 L/min,液体流量为 0.4 L/min。选择此条件,是因为此时无论是在低气压条件下还是在正常大气压条件下灭火时间都是最短的。正常大气压条件下,于 20 s 开始点火,温度最高达到 637℃,经过 1 min 后火焰开始稳定燃烧,于 80 s 开始施加细水雾,153 s 时火焰熄灭,火焰持续 133 s;低气压条件下,于 20 s 开始点火,温度最高达到 564℃,经过 1 min 后火焰开始稳定燃烧,于 80 s 开始施加细水雾,109 s 时火焰熄灭,火焰持续 89 s。由图 4.1-4 和图 4.1-5 可以得知,火焰的最高温度在低气压下较正常大气压下的更低;在整个灭火过程中,1 号热电偶测得的温度最低,此热电偶距离油面最近,这和空白实验数据一致;燃油混合气体跟随火焰上浮,同时细水雾夹带新鲜空气进入火场,由温度曲线可以推测,2 号热电偶所测区域是火灾燃烧的核心区域,O_2 充足,燃烧反应最剧烈,释放热量最多,火焰温度也最高。随着燃油混合气体逐渐消耗,由温度曲线可知,3 号热电偶所测区域的温度开始降低;随着距离油面高度的升高,火焰温度继续下降。5 号热电偶为火焰区域的顶部,也接近实验舱室顶部,受烟气扰流的影响此处将汇聚大量高温烟气,故 5 号热电偶区域的温度要高于 3、4 号热电偶区域的。

彩图

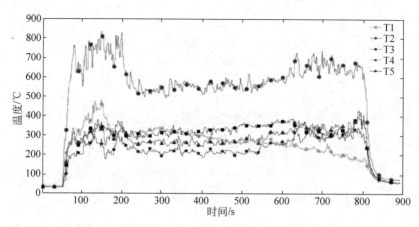

图 4.1-4　正常大气压下灭火时的火焰温度变化(气:210 L/min,液:0.4 L/min)

彩图

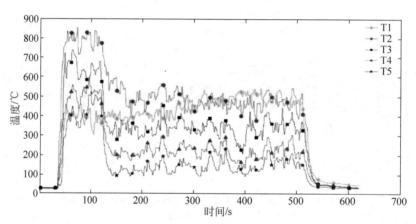

图 4.1-5　低气压下灭火时的火焰温度变化(气:210 L/min,液:0.4 L/min)

2. 燃烧速率

在火灾科学研究中,研究人员需要清楚火场燃烧强度具体为多少以及它是如何变化的,所以常用热释放速率(HRR)来表征火焰燃烧强度。在火灾仿真软件中,热释放速率是基础参数,利用它可以开展对火焰与烟气的研究。除了在模拟程序中的理论应用,热释放速率值在实际的灭火救援中,对火灾风险的预测和阻燃预防方面也有十分重要的作用。在科学研究中,常用的测量途径包括耗氧量热法和热重法。热重法是一种根据可燃物的质量燃烧速率及其热值计算热释放速率的方法,可以通过下式计算:

$$Q = \alpha \times m \times \Delta H \tag{4.1-1}$$

其中,α 为燃烧效率因子,表征不完全燃烧的程度;m 为可燃物的质量燃烧速率;ΔH 为可燃物的热值。但是值得注意的是,此表达式只可用于粗略估算热释放速率,因为对于热值和燃烧效率因子都无法用一个精确数值表示。火灾是一个变化的过程,所以可燃物组分就会随着燃烧过程的进行而变化,故而热值也是持续发生改变的;另外,热值的意义为某种可燃物完全燃烧时放出的热量,但是实际情况是大多数物质是无法完全燃烧的,所以在实际计算过程中,无法将某种物质的热值作为实际火场中可燃物的热值。除此之外,燃烧效率因子也不是一个固定的值,有研究表明,当火灾环境发生变化时,燃烧效率因子将在 0.3~0.9 的范围内浮动。所以利用式(4.1-1)准确计算火源的热释放速率有一定难度,由于实验条件有限,故在本研究中只讨论可燃物的燃烧速率的变化情况。

燃烧速率反映可燃物单位时间烧去的量。对于固态和液态的燃烧,大致可以认为燃烧速率与凝聚相燃料的质量损失速率相等,但质量损失速率和燃烧速率两个数值并不一定相等。通常如下式:

$$\dot{m}_F = \dot{m}_{F,R} + \dot{m}_{F,I} + \dot{m}_{F,U} \tag{4.1-2}$$

其中,$\dot{m}_F$ 为燃料质量损失速率;$\dot{m}_{F,R}$ 为燃料燃烧速率;$\dot{m}_{F,I}$ 为燃料的惰性气体释放速率;$\dot{m}_{F,U}$ 为火焰中未燃的燃料气体(和烟尘)的产生速率。本研究假定所有燃料都已燃烧、生成燃料的过程中不产生惰性物质,如下式所示:

$$\dot{m}_F = \dot{m}_{F,R} \tag{4.1-3}$$

本研究根据油盘在天平上总的失重量随时间的变化速率来计算燃烧速率。图 4.1-6 为低气压条件下空白实验,即只燃烧正庚烷不施加细水雾时用天平记录的质量变化曲线图。通过观察曲线可以看到,此时质量损失速率逐渐变小,直至实验结束。这是因为实验箱体为密闭空间,随着实验的进行,空间中的 O_2 含量逐渐减小,此时燃烧速率下降。通过将散点拟合成线性函数,得知斜率为 -0.005 g/s。由于本实验中使用天平记录数据的频率为 3 个/s,故经过转换得此工况条件下的燃料燃烧的质量损失速率为 0.015 g/s。使用此方法对剩余实验组别的数据进行处理,得知正常大气压下空白实验的燃料燃烧的质量损失速率为 0.01583 g/s。灭火实验的燃烧速率由表 4.1-1～表 4.1-2 给出。

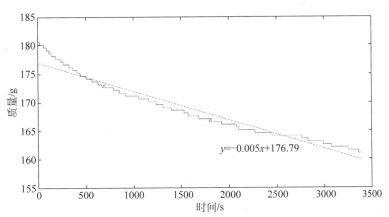

图 4.1-6 用天平记录的质量变化曲线(低气压、空白实验)

表 4.1-1 与表 4.1-2 分别为正常大气压与低气压条件下灭火时燃烧速率计算结果情况。可以发现,空白实验的燃烧速率明显小于灭火实验的燃烧速率,这可以从 O_2 体积分数

表 4.1-1　正常大气压条件下灭火时燃烧速率计算结果　　　　单位:g/s

液/(L/min)	气/(L/min)				
	150	180	210	240	270
0.2	0.0759	0.0706	0.0676	0.0698	0.0834
0.4	0.0869	0.0747	0.0652	0.0839	0.0825
0.6	0.0853	0.0739	0.0809	0.0908	0.0831

表 4.1-2 低气压条件下灭火时燃烧速率计算结果 单位：g/s

液/(L/min)	气/(L/min)				
	120	150	180	210	240
0.2	0.0798	0.0632	0.0612	0.0642	0.0701
0.4	0.0738	0.0767	0.0726	0.0600	0.0682
0.6	0.0744	0.0624	0.0646	0.0798	0.0690

变化的角度分析。灭火实验中，施加细水雾后，O_2 体积分数继续降低，说明密闭实验箱体内的 O_2 仍然在持续地被消耗，没有出现上升情况就说明 O_2 并不是充足的。所以空白实验的燃料燃烧速率小是因为空间中 O_2 不充足，使之燃烧速率减小

从表 4.1-1～表 4.1-2 可以看到，正常大气压条件下的燃烧速率随着气体流量和液体流量的增大呈现先减小后增大的趋势，在气体流量为 210 L/min、液体流量为 0.4 L/min 时达到最小值；低气压条件下的燃烧速率大体上也随着气体流量和液体流量的增大呈现先减小后增大的趋势，在气体流量为 210 L/min、液体流量为 0.4 L/min 时达到最小值。这与灭火时间最小时的工况条件一致。另外通过计算可以得知，低气压下的燃烧速率比正常大气压下的小，在空白实验与灭火实验中分别小约 5.9% 和 19.2%。这是因为，低气压条件下氧含量相对较低，燃烧速率受到影响，因而变小。同时，正常大气压下的火焰区域温度较高，其对油盘未燃液体的热反馈就多，油盘的燃烧速率就大，这也是正常大气压下的燃烧速率大于低气压下的一个主要影响因素。

3. 烟气分析

统计结果显示，火灾中的大部分人员伤亡是由烟气引起的，而这其中最重要的原因是人体吸入烟气颗粒和有毒气体引发的窒息。火灾产生的烟气往往含有强烈的腐蚀性和毒性，且含有大量颗粒物，这将对人体和自然环境造成不可估量的损伤。烟气的毒性、消光性和能见度是研究者研究火灾烟气的三个主要方面。因实验条件有限，本研究中只关注烟气的毒性。

烟气中危害最大的是会对人产生窒息作用的 CO，而 CO_2 对人的危害也非常大。体积分数大于 5% 的 CO_2 会对人体产生一定程度的麻醉效果；如果 CO_2 体积分数超过 7%～10%，人体会在短时间内昏迷并无法行动。尽管 CO 的毒性是 CO_2 的 10～50 倍，但是在火灾中 CO_2 才是导致人体昏迷的最重要的原因。除此之外，有数据表明，当建筑物火灾的火焰温度接近轰燃点时，温度将高达 500℃，甚至超过 800℃，因此，当燃烧过程结束后，作为反应产物之一的烟气中将含有巨大的热量，若此时人体直接暴露在高温烟气中，人体将在短时间内被烧伤甚至死亡。火灾不仅导致高温，还会降低火场能见度。火焰燃烧将产生大量烟气，被困的人们会因为烟气阻挡视线而脱离逃脱路线，而同时这也将大大阻碍消防救援人员对被困人员的营救。火灾产生的大量烟气还会有另一个危害。火场中聚集的大量烟气带有大量热量和极高的温度，烟气随着气流流动将使火势四处扩散。另外，烟气中含有 CO 等可以继续燃烧的不完全燃烧产物，在热传导的作用下，这些产物能够引起新的火势，甚至引起轰燃，这也是火灾发展和扩散的最主要原因。本研究中，关注的烟气组分为 O_2、CO 和 CO_2。

图 4.1-7 与图 4.1-8 分别为正常大气压和低气压下空白实验(即只做燃烧试验，不施加

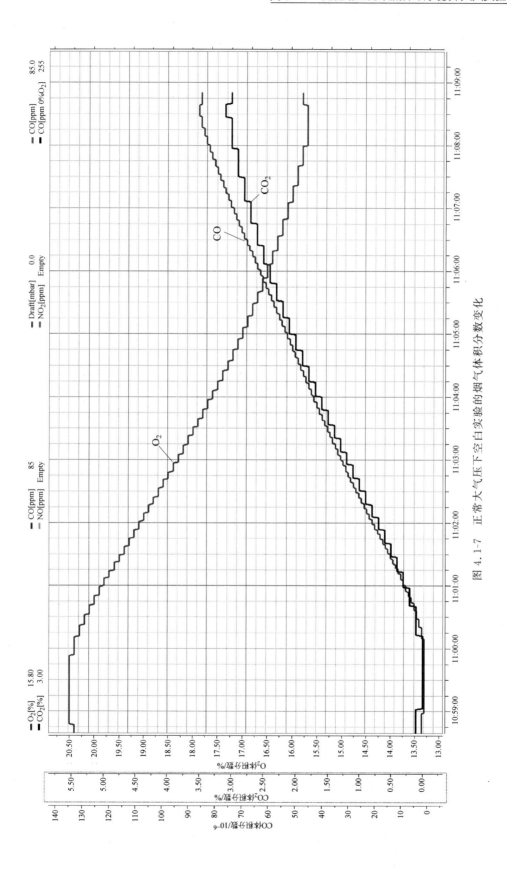

图 4.1-7 正常大气压下空白实验的烟气体积分数变化

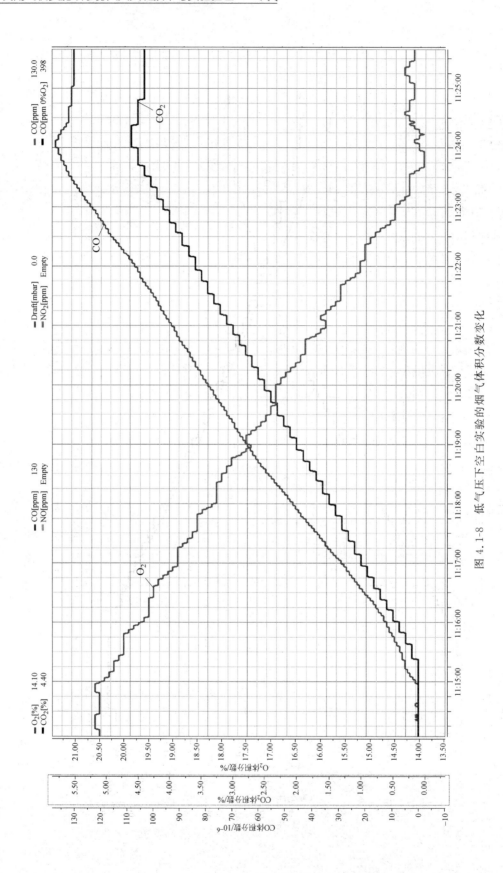

图 4.1-8 低气压下空白实验的烟气体积分数变化

细水雾)的烟气体积分数变化情况。横坐标表示时间,纵坐标表示各烟气组分的体积分数。可以看出,在点燃正庚烷后,密闭实验箱体中的 O_2 体积分数迅速下降,CO 和 CO_2 的体积分数迅速降低。正庚烷的燃烧化学式如下式所示:

$$C_7H_{16} + O_2 \longrightarrow CO_2 + H_2O \tag{4.1-4}$$

正庚烷燃烧消耗 O_2,生成 CO_2,同时部分正庚烷的不完全燃烧会生成 CO,所以会出现如图 4.1-7 和图 4.1-8 所示的 O_2 体积分数下降、CO 和 CO_2 的体积分数升高的情况。正常大气压下,O_2 体积分数从 21% 降至 15.75%,CO 和 CO_2 的体积分数从 0 分别升高至 85 ppm 和 4.25%;低气压下,O_2 体积分数从 21% 降至 13.8%,CO 和 CO_2 的体积分数从 0 分别升高至 135 ppm 和 4.6%。

图 4.1-9 和图 4.1-10 分别为实验过程中典型的正常大气压和低气压下烟气体积分数变化曲线图,工况条件是气体流量为 150 L/min,液体流量为 0.2 L/min,横坐标表示时间,纵坐标表示各烟气组分的体积分数。下面逐个分析各烟气组分变化情况。

首先,分析 O_2 体积分数变化趋势。正常大气压条件下,14:34:45 开始点火,经过 1 min 时间火焰稳定燃烧,于 14:35:45 施加细水雾,经过 3 min 5 s 火焰熄灭。在此过程中,不施加细水雾的前 1 min 内,O_2 体积分数从初始的 21% 下降到 19.25%,施加细水雾初期,O_2 体积分数小幅回升至 19.5%,后又开始下降,最后火焰熄灭时 O_2 体积分数降至 18.75%。低气压条件下,14:16:00 开始点火,同样经过 1 min 时间火焰稳定燃烧,于 14:17:00 施加细水雾,经过 4 min 火焰熄灭。在此过程中,不施加细水雾的前 1 min 内,O_2 体积分数从初始的 21% 下降到 19%,施加细水雾初期,O_2 体积分数小幅回升至 19.25%,后又开始下降,最后火焰熄灭时 O_2 体积分数降至 18.5%。可见无论是在正常大气压下还是在低气压下,燃烧初期,O_2 迅速消耗,施加细水雾之后实验舱内 O_2 体积分数会有一小段明显的回升。这是因为此时细水雾中含有的大量的新鲜空气进入火场,补充了原来密闭空间内消耗的 O_2,故此时测得 O_2 体积分数会有所回升。但是正庚烷燃烧消耗 O_2 的速度大于补充 O_2 的速度,故此后 O_2 体积分数继续下降。但是由于有 O_2 的补充,故下降速率即 O_2 体积分数变化斜率已明显小于之前未施加细水雾阶段的。

其次,分析 CO_2 体积分数变化趋势。正常大气压条件下,不施加细水雾的前 1 min 内,CO_2 体积分数从初始的 0 上升到 0.5%,施加细水雾之后,到最后火焰熄灭时刻,CO_2 体积分数升至 1.15% 并稳定。低气压条件下,不施加细水雾的前 1 min 内,CO_2 体积分数从初始的 0 上升到 1%,施加细水雾之后,到最后火焰熄灭时刻,CO_2 体积分数升至 1.5% 并稳定。可见无论是在正常大气压下还是在低气压下,实验初期,因为 CO_2 是燃烧反应产物,故其体积分数快速上升,当进入灭火阶段施加细水雾之后,CO_2 体积分数上升速率明显降低,并将稳定在某个值左右。现分析可能的原因如下:当细水雾进入火场后,由于雾滴受热蒸发,火场温度下降,火焰对油面的热反馈作用会减少,此时燃烧反应的速率将减小,故作为反应产物之一的 CO_2 生成速率会减小;另外,一部分燃烧产生的 CO_2 将吸附在火场中的烟气颗粒表面,一部分 CO_2 将会溶解在细水雾中,故此时密闭实验箱体中 CO_2 体积分数的上升速度减慢。

最后,分析 CO 体积分数变化趋势。正常大气压条件下,不施加细水雾的前 1 min 内,CO 体积分数从初始的 0 上升到 12 ppm,施加细水雾之后,到最后火焰熄灭时刻,CO 体积分数升至 69 ppm 并稳定。低气压条件下,不施加细水雾的前 1 min 内,CO 体积分数从初始

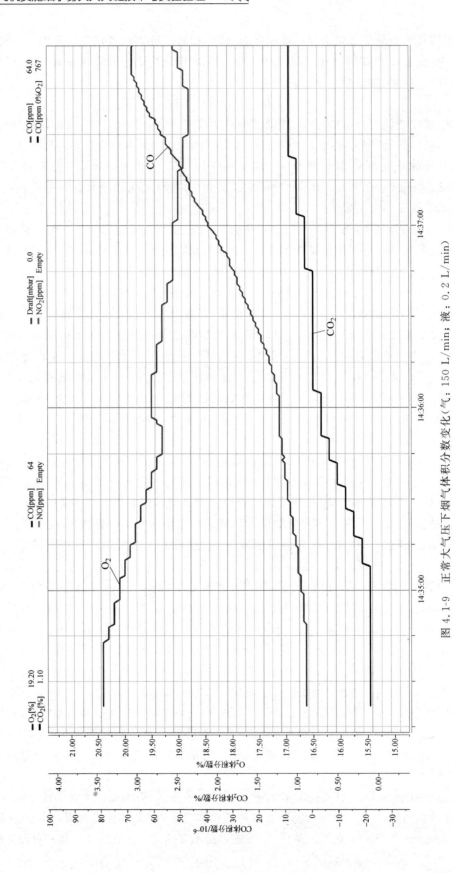

图 4.1-9　正常大气压下烟气体积分数变化（气：150 L/min；液：0.2 L/min）

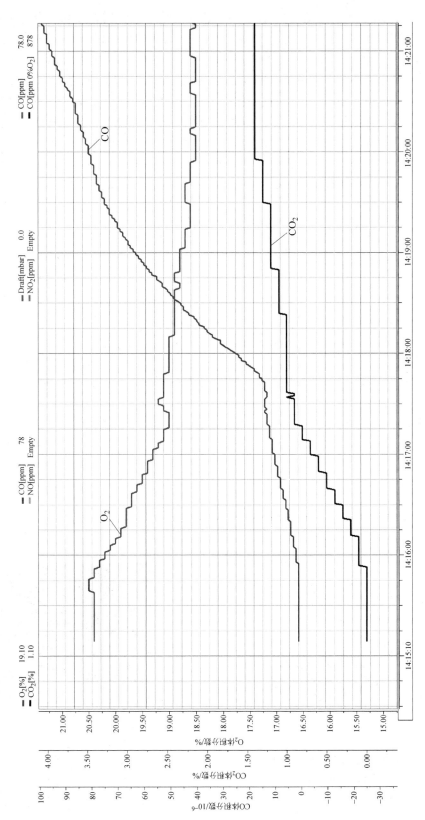

图 4.1-10　低气压下烟气体积分数变化(气: 150 L/min; 液: 0.2 L/min)

的 0 上升到 15 ppm,施加细水雾之后,到最后火焰熄灭时刻,CO 体积分数升至 100 ppm 并稳定。可见无论是在正常大气压下还是在低气压下,实验初期,由于正庚烷不完全燃烧而产生 CO,CO 体积分数迅速上升。当施加细水雾之后 CO 体积分数继续上升,且上升速度更快,最终在某个值附近稳定。现分析可能的原因如下:当细水雾进入火场后,由于雾滴受热蒸发,火场温度下降,火焰对油面的热反馈作用会减少,此时燃烧反应被抑制,作为不充分燃烧产物之一的 CO 的生成速率将减小,致其体积分数上升;当燃烧反应逐渐稳定后,CO 体积分数上升速率减缓,将稳定在某个值左右。

4.1.2 抑灭气溶胶火灾实验

在本部分实验中自主研制了高压气溶胶爆炸触发装置,该装置由气溶胶混合腔体、压力传感器(罐压)、气动阀、热风枪、固定架等组成。固定好爆炸装置支架,安装气动阀、压力传感器和热风枪等,压力传感器(罐压)与无纸记录仪相连,实时监测气溶胶罐内混合物压力。气动阀与高压气路相连以控制阀门开关,将气动阀球阀从关闭到全开时间控制在 0.1 s 以内,以保证气溶胶蒸汽的形成。采用电弧点火器进行气溶胶引爆,点火器与气溶胶腔体释放口相平齐,距离地面高度 61.0 cm,距离释放口水平距离 91.4 cm。

气溶胶由水、乙醇和液态丙烷按照 90 g∶270 g∶90 g 比例组成,将拆卸后的气溶胶罐体放置于高精度天平上,将称重后的水和乙醇依次加入罐内,之后将气溶胶罐与丙烷钢瓶连接,打开钢瓶阀门,通过天平质量控制注入 90 g 液态丙烷。实验场地人员撤离到安全位置后开启热风枪,对混合腔体加热,升温后罐体内压力增大,当混合腔体压力达到 1.6 MPa 时,先断开热风枪电源,然后气动阀控制器触发启动,释放形成气溶胶气云。

电弧式点火器位于气溶胶释放口正前方 91 cm 处,采用沙袋进行加固,4 组爆炸冲击波压力传感器依次间距 1 m 布置在点火器前面,第一个传感器的位置靠近点火器,如图 4.1-11 所示。

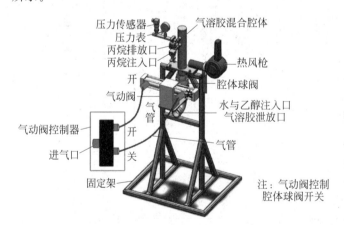

图 4.1-11　气溶胶爆炸实验装置示意图

1. 受限空间气溶胶燃爆过程分析

在受限实验舱体内气溶胶燃爆过程见图 4.1-12,通过高速摄像机获得燃爆过程图像,气动阀触发后气溶胶迅速喷出,形成白色蒸汽云;蒸汽云向前方运移扩展,体积增大;蒸汽云接触到点火器的初期未直接发生燃爆,在蒸汽云向前运动的过程中突然被点燃发生爆炸;燃爆火焰向前后方均发生爆炸传播,在开放空间气溶胶气云运动和燃爆传播均在喷射口前方区域且向前传播。在模拟货舱受限空间内所形成的爆炸火焰体积更大、更明亮,在舱体高程 1.67 m 范围内充满火焰,同时伴随爆炸声响。受舱体隔绝影响爆炸声响较小,燃爆后火焰明亮度降低,体积迅速减少并消失。

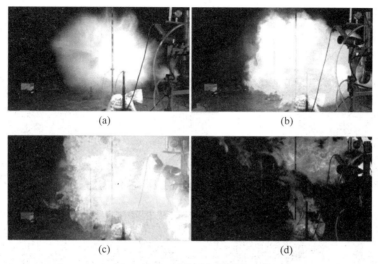

图 4.1-12　受限空间燃爆过程

2. 点火能和气压对气溶胶燃爆的影响

分别采用电弧点火器和 10 cm 正庚烷油池火作为点火源进行气溶胶燃爆实验。由油池火作为点火源的工况所产生的燃爆强度更大,起爆时间也更短。气溶胶气云在经过油池火的过程中被迅速点燃,转化成全面燃爆;而采用电弧点火器的实验工况中,气溶胶气云接触到点火器后被点燃,被点燃的火焰在气云内部扩散传播,逐渐形成大面积燃爆火焰,引燃后发生爆燃的时间更长,火焰体积相对较小。

通过模拟货舱气压控制系统分别将货舱内气压调整到 46 kPa 和 76 kPa 来开展气溶胶燃爆实验,两种气压条件下均发生燃爆现象,在 46 kPa 气压条件下气云燃爆体积较小,爆炸强度较低。此外,燃爆火焰持续时间较长,甚至爆炸完成后仍有部分气溶胶液体未参与燃爆,被喷射到距离喷射口前面 1.5 m 左右的地面继续燃烧。在低气压条件下,一方面,受空气密度降低影响,喷射燃料与空气作用不够充分,所形成的气溶胶体积较小,空间密度较高,不易充分爆燃;另一方面,低气压带来较低的氧气分压,气溶胶燃爆过程中所能获得氧气偏低,也是造成其爆炸强度较低的主要因素。

3. 细水雾环境中气溶胶燃爆

细水雾以响应迅速、灭火有效、对环境污染和防护对象破坏性小、耗水量低等特点已被看作主要哈龙替代品,在飞机货舱抑灭火方面展示出广阔的应用前景。采用自主研发的适用于飞机货舱抑灭火的水平射流喷头,以 0.4 MPa 氮气作为驱动,水压设定为 0.2 MPa,水量为 300 mL/min,所形成的细水雾环境稳定后其粒径 90 % 在 200 μm 以下。分别在细水雾触发初期和稳定细水雾环境中开展气溶胶燃爆实验,如图 4.1-13 所示。在细水雾触发初期的实验条件下,气溶胶发生猛烈的燃爆,燃爆火焰体积充满整个模拟货舱,并且伴有猛烈的冲击力,将布置在舱体门口附件的摄像机吹散到 3 m 以外。细水雾触发初期所产生的细水雾参与到气溶胶燃爆过程中,在大量气溶胶燃爆火焰的强烈作用下形成水煤气。水煤气和气溶胶混在一起,相互激烈燃爆,从而造成更大的燃爆强度。当细水雾在货舱内弥漫形成稳定的细水雾环境后,喷射口打开后仍会形成气溶胶雾状体,但是气溶胶接触到点火器之后没有发生燃爆。细水雾可以抑制民机货舱内的气溶胶爆炸,但是若在细水雾触发初期引爆气溶胶,反而会起到相反的激励作用。可以考虑在细水雾中增加其他添加剂来进一步增加细水雾的抑爆作用,减弱其参与爆炸的可能性。

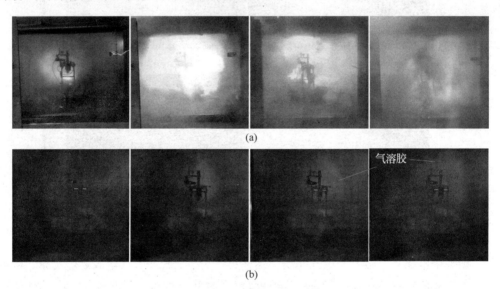

图 4.1-13　细水雾环境中气溶胶燃爆过程

(a) 细水雾触发初期气溶胶与细水雾相互激励燃爆过程;(b) 细水雾弥漫稳定后气溶胶未发生燃爆

4.2　正常大气压下机舱环境大尺度抑灭火实验研究

4.2.1　单喷头抑灭火实验研究

本研究设计标准模拟货舱 2000 ft³(8.11 m×4.11 m×1.7 m),以该货舱结合细水雾灭火系统作为细水雾灭火实验平台,如图 4.2-1 所示。在此基础上开展单喷头抑灭火实验,设定气体流量分别为 250 L/min、275 L/min、300 L/min、325 L/min 和 350 L/min,液体流量分别为 0.5 L/min、0.75 L/min 和 1.0 L/min,从灭火时间、烟气体积分数、油面温度几方面研究单喷头不同气液比下细水雾抑灭油池火规律。

1. 不同雾动量灭火时间结果分析

按照上述实验方法开启实验,记录灭火时间。在重复三次空烧实验后得出,272 g 正庚烷燃烧完成需要 640 s,在 100 s 左右达到最高温度,随后稳定燃烧。所以本次实验在 100 s 开启细水雾,记录灭火时间,得出最短的灭火时间为 290 s,具体如表 4.2-1 所示。

图 4.2-1 细水雾抑灭火实验平台实物

表 4.2-1 不同气液比工况下的灭火时间 单位：s

液体流量/	气体流量/(L/min)				
(L/min)	250	275	300	325	350
0.5	330	306	330	309	290
0.75	366	350	315	338	316
1.0	401	390	317	300	307

结合上文,得出该气液比工况下的雾动量变化,将表 4.2-1 转换为对应的雾动量状态下的灭火时间关系图,如图 4.2-2 所示。从图 4.2-2 可以得出:并非雾滴动量越大,灭火效果越明显。这是因为在文献中提出,雾化均匀程度会影响火焰燃烧的稳定性,雾滴粒径过大或者过小都不能达到最佳灭火效果,并给出在正常大气压环境中灭火最佳粒径值在 $80 \sim 100~\mu m$ 范围内。而本文在第 3 章雾滴速度分析中得出雾滴动量与粒径成正比,所以从图 4.2-2 可以看出,随着雾滴动量逐渐增大,灭火时间并非逐渐减小。在气体流量 350 L/min、液体流量 0.5 L/min 时,雾滴粒径为 95 μm 的工况下,达到最佳灭火效果时的灭火时间为 290 s,而此时的雾滴动量为 7.4×10^{-9} kg·m/s。

2. 烟气成分分析

实验中将烟气分析仪管道放置在离火源 1 m、高 1.5 m 处,得出烟气规律如图 4.2-3 所示。图 4.2-3 所示为气体流量 350 L/min、液体流量 0.5 L/min、雾滴动量大小 7.4×10^{-9} kg·m/s 工况下灭火与空烧实验的烟气成分对比。如图 4.2-3(a)所示,空烧实验时,O_2 体积分数先从 20.26% 降到 18.64%,共下降 1.62%,这是因为,正庚烷燃烧时消耗了 O_2,640 s 左右燃烧完成后,O_2 体积分数逐渐恢复;在施加细水雾时,O_2 体积分数先从 20.2% 降到 18.8%,下降了 1.4%,等待火焰熄灭时 O_2 体积分数逐渐恢复,此时由于作用的是低气压双流体细水雾,工作时,有气体被输送到火焰周围,从而提供了 O_2,所以最终火焰熄灭时 O_2 体积分数高于空烧实验的。

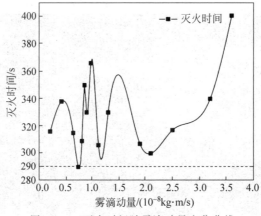

图 4.2-2   灭火时间随雾滴动量变化曲线

图 4.2-3(b)所示的是 CO 体积分数在空烧和施加细水雾过程中的变化,空烧时,CO 体积分数逐渐升高,在 650 s 左右达到最大值 23.5×10^{-6},火焰熄灭后,CO 体积分数缓慢降低;灭火实验中,CO 体积分数先以 0.089×10^{-6}/s 的速率缓慢上升,在 100 s 时,施加细水雾,此时 CO 体积分数以 0.036×10^{-6}/s 的速率上升,在 460 s 达到最大值 21.8×10^{-6},在 7.4×10^{-9} kg·m/s 雾滴动量下的细水雾能够有效减缓正庚烷燃烧释放的 CO 体积分数,并能降低空间内 CO 体积分数。

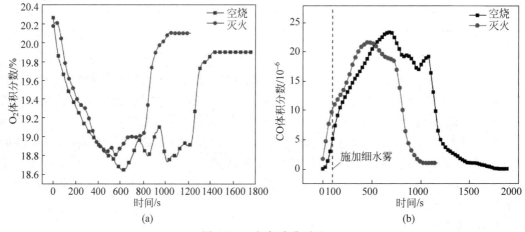

图 4.2-3   烟气成分对比

(a) O_2 体积分数变化;(b) CO 体积分数变化

3. 灭油池火油面温度分布分析

从图 4.2-4 可以看出,灭火过程分为火焰从开始逐渐发展到稳定燃烧阶段、施加细水雾灭火阶段、火焰与雾滴相互作用阶段以及火焰熄灭阶段。从火焰上方的热电偶测量出的温度变化规律发现,开启细水雾,火焰温度会出现短暂的上升阶段。这是因为,低气压双流体细水雾在启动时,带入少量 O_2 进入火焰,进而出现火焰强化现象,随后细水雾冷却火焰温度,使得温度迅速下降,最终使得火焰熄灭。

在上述过程中火焰熄灭经历了火焰强化与火焰冷却过程,这也是灭火的主要机理。图 4.2-5 所示为施加细水雾过程中,不同的雾滴动量影响油面温度的变化情况。从图 4.2-5(a)

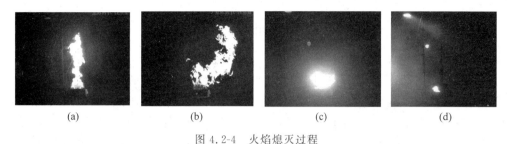

图 4.2-4   火焰熄灭过程

(a) 稳定燃烧；(b) 开始施加细水雾；(c) 施加细水雾过程中；(d) 火焰熄灭

可以得出，当未施加细水雾时，油面温度会在 40 s 左右到达 280～320℃之间，随后出现温度下降后上升的趋势，到达最高温度 420℃时，温度下降。这是因为，油面温度区别于火焰温度，火焰温度是在火焰上方测量得出的温度，这里燃烧较为充分，所以出现温度逐渐升高，随后趋于稳定的变化；而油面温度是在油盘上表面测量得出的温度，这里燃烧不充分，所以火焰发生时，温度先升高，随后火焰上方稳定燃烧，油面燃烧不充分，从而导致出现温度先下降后上升的趋势。

从图 4.2-5(b)可以得出，当施加细水雾时，火焰燃烧时间会缩短，由于得出了最佳的雾滴动量是在气体流量 350 L/min、液体流量 0.5 L/min 工况下产生的，所以图 4.2-5(b)只分析了当液体流量保持 0.5 L/min 不变，气体流量从 250 L/min 增至 350 L/min 时的情况。在 100 s 左右开启细水雾，油面温度立刻处于上升趋势，到达最高温度 610℃左右，火焰熄灭，温度逐渐下降。这是因为，当施加细水雾时，火焰高度降低，火羽流温度下降，火焰接近油面燃烧，促使油面温度升高。

通过对比图 4.2-5(a)与图 4.2-5(b)得出，施加细水雾能够有效地缩短火焰燃烧时间。最佳雾滴动量 7.4×10^{-9} kg·m/s 的细水雾作用时，油面温度高于其他雾滴动量的细水雾作用时的。这是因为最佳雾滴动量的细水雾与火焰作用均匀，火焰高度下降明显。

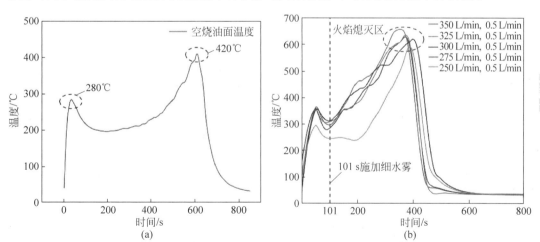

彩图

图 4.2-5   不同的雾滴动量影响油面温度的变化情况

(a) 空烧实验油面温度变化；(b) 灭火实验油面温度变化

4.2.2　多喷头联动抑灭火实验研究

火灾的发生是包含燃烧反应、传热、多项流动耦合的复杂过程,油池火由于燃烧稳定可控,常用于燃烧和抑灭火实验研究,同时油池火也是最低性能标准的四个火灾场景之一。当民机货舱发生火灾事故后,及时采取灭火措施是十分必要的。在细水雾对民机货舱中油池火抑灭火有效性实验中,搭建了民机货舱油池火抑灭火有效性验证实验平台,模拟在真实货舱环境中,细水雾抑灭油池火火灾场景的过程,研究细水雾在民机货舱中抑灭油池火的灭火机理,进而验证其在民机货舱中的抑灭火有效性。本节将分析民机货舱细水雾的主要灭火机理,并通过实验研究从吸热冷却、排氧窒息和衰减热辐射的机理几方面讨论细水雾在民机货舱中对油池火抑灭火的主导机理。

本部分油池火抑灭火有效性实验的布置是在标准飞机模拟货舱的基础上,在舱顶均布 2×2 个细水雾喷头。油池为 30 cm(长)$\times$30 cm(宽)$\times$10 cm(高)的方形油池,根据最低性能标准的规定,由于作为灭火剂的细水雾密度大于空气的,所以将油池布置于舱高的一半处,距离舱底 0.8 m。油池下方布置有可实时向电脑传输质量变化的电子天平,可以通过质量变化得出油池火的质量燃烧速率。油池上方布置有 9 根 $\phi = 4$ mm 的 K 型铠装热电偶,探头长度为 300 mm。从油池表面到实验舱顶均匀布置这些热电偶,通过将这些热电偶与无纸记录仪相连接,记录油池火油面至舱顶的温度变化。在距离油池 1 m 和 1.5 m 处布置有辐射热流计,用于记录距离油池火不同距离处辐射热流密度的变化。在距离油池 1 m 处还布置有烟气分析装置,用于实时记录实验舱内的烟气体积分数变化。具体布置情况示意图如图 4.2-6 所示。

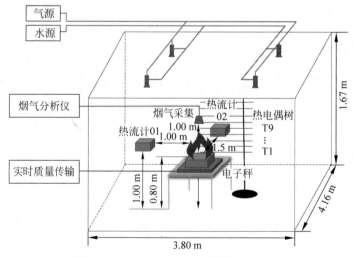

图 4.2-6　油池火抑灭火有效性实验布置

考虑到实验安全和贴近真实货舱火灾环境,在油池火抑灭火有效性实验中,液体燃料的选择为正庚烷和航空煤油。油池中加入深度为 8 cm 的冷却水,用于防止油池受热变形。每次实验前,向油池中加入 1 cm 厚的液体燃料,其中正庚烷约 612 g,航空煤油约 702 g。具体实验工况如表 4.2-2 所示。

表 4.2-2　油池火抑灭火有效性实验工况设置

燃料种类	实验工况	喷头总气体流量/(L/min)	喷头总液体流量/(L/min)
正庚烷	1~5	1000	2、3、4、5、6
	6~10	1100	2、3、4、5、6
	11~15	1200	2、3、4、5、6
	16~20	1300	2、3、4、5、6
	21~25	1400	2、3、4、5、6
航空煤油	21~25	1000	2、3、4、5、6
	26~30	1100	2、3、4、5、6
	31~35	1200	2、3、4、5、6
	36~40	1300	2、3、4、5、6
	41~45	1400	2、3、4、5、6

　　开始实验之前,向油池加入燃料。利用电磁点火器点燃燃料,关闭舱门,开始实验。经过先前的空烧预实验,可以发现在空烧 3 min 后火焰进入稳定燃烧阶段,故在点燃后 3 min 开始施加细水雾。通过观察窗和图像采集装置查看舱内情况,待火焰熄灭后记录灭火时间,打开舱门和通风机,待温度和烟气恢复至正常时保存数据,至此完成一组实验。

1. 火焰温度

　　为研究细水雾抑灭油池火过程中的轴向温度变化,通过在油池火上方不同高度布置热电偶来测量火焰轴向温度的变化趋势,从而探究细水雾抑灭油池火的机理。图 4.2-7(a)和图 4.2-7(b)分别为正庚烷油池火和航空煤油油池火在空烧时轴向温度分布曲线。可以发现,正庚烷油池火在点燃 101 s 后进入稳定燃烧阶段,燃烧时间为 441 s,温度最高可达 766℃;航空煤油油池火在点燃 123 s 后进入稳定燃烧阶段,燃烧时间为 863 s,温度最高可

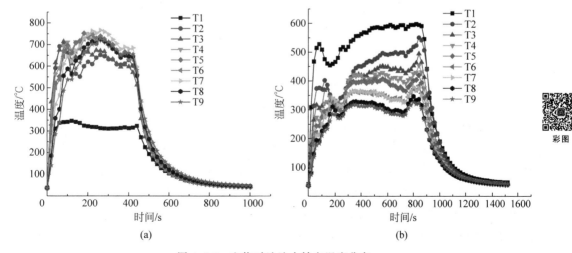

彩图

(a)　　　　　　　　　　　　　　(b)

图 4.2-7　空烧时油池火轴向温度分布

(a) 正庚烷;(b) 航空煤油

达 598℃。对比图 4.2-7(a)和图 4.2-7(b),可以发现,正庚烷油池火的底部温度较低,航空煤油油池火的底部温度较高。这是由正庚烷和航空煤油不同的理化性质决定的,其中正庚烷为纯净物,相较于航空煤油其闪点和沸点较低,在燃烧过程中燃油蒸汽与 O_2 混合是燃烧的主导因素;航空煤油为混合物,相较于正庚烷其闪点和沸点较高,在燃烧过程中燃油蒸汽达到闪点是燃烧的主导因素。

图 4.2-8(a)和图 4.2-8(b)分别为正庚烷油池火和航空煤油油池火在施加细水雾后的温度变化曲线,以气体流量为 1200 L/min,液体流量为 4 L/min 的工况为例。选择此工况条件,是因为在气体流量为 1200 L/min 时无论是正庚烷油池火还是航空煤油油池火在液体流量为 4 L/min 时灭火时间均是最短的。实验中在火焰温度达到稳定燃烧阶段后的 180 s 时启动细水雾灭火系统,此时正庚烷油池火油面温度为 219℃,顶棚温度为 486℃;航空煤油油池火油面温度为 430℃,顶棚温度为 300℃。正庚烷和航空煤油油池火分别在施加细水雾 48 s 和 55 s 后灭火成功。从图 4.2-8 可以发现,细水雾的启动对火焰温度有着较好的冷却效果,但是缺乏将冷却效果量化的参数。下面根据最低性能标准中的温度-时间曲线积分面积对各个工况下细水雾的冷却效果进行定量分析。

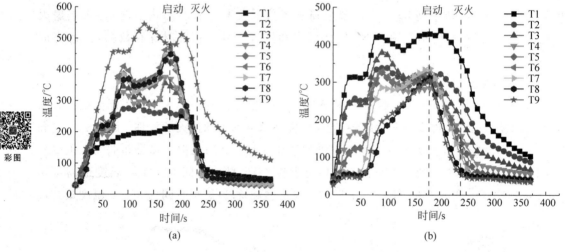

图 4.2-8 细水雾灭火时火焰轴向温度变化

(a) 正庚烷;(b) 航空煤油

民机货舱细水雾灭火系统是否可以通过最低性能标准的验证,主要取决于顶棚最高温度、温度-时间曲线积分面积和气溶胶是否发生爆炸,如表 4.2-3 所示。其中温度-时间曲线积分面积是将某一段时间内的温度乘以时间增量,计算得出温度-时间曲线的积分面积,如图 4.2-9 所示。在本节所研究的油池火分析中,采用温度-时间曲线积分面积定量地对细水雾灭火系统的冷却效果进行分析。在抑灭油池火有效性实验中顶棚的平均温度最高不能超过 299℃,从细水雾灭火系统启动后 2 min 开始,直至实验释放细水雾 5 min 或火焰被熄灭,温度-时间曲线积分面积不应超过 665℃·min。由于全尺寸验证实验所使用的油池尺寸为 60 cm×60 cm,本节实验所用的油池尺寸为 30 cm×30 cm,为全尺寸验证实验油池尺寸的 1/4,故温度-时间曲线积分面积标准值也取其 1/4,为 166℃·min。

表 4.2-3　灭火系统验证最低性能标准

火灾场景	最高温度/℃	最大压力/kPa	最大的温度-时间曲线积分面积/(℃·min)	备　　注
散装货物火	382	不适用	5504	使用灭火系统启动后2～28 min的数据
集装箱火	343	不适用	7782	使用灭火系统启动后2～28 min的数据
油池火	299	不适用	665	使用灭火系统启动后2～5 min的数据
气溶胶爆炸	不适用	0.0	不适用	不发生爆炸

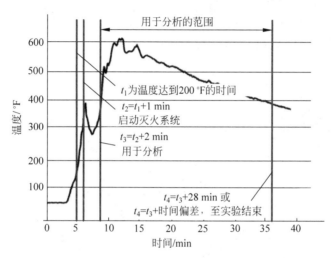

图 4.2-9　灭火系统验证有效性标准分析

　　由于最低性能标准中计算温度-时间曲线积分面积所选用的是位于舱顶的温度,图 4.2-10和图 4.2-11 分别为细水雾在各个工况下抑灭正庚烷和航空煤油油池火时货舱顶棚温度与空烧时的对比曲线。从图 4.2-10 和图 4.2-11 可以发现,当细水雾液体流量相同时,随着气体流量的增加,货舱顶棚温度的下降斜率也随之增大,证明细水雾对正庚烷和航空煤油油池火火灾场景中的货舱顶棚有着较好的冷却效果。下文将根据最低性能标准中相关要求对冷却效果进行定量分析。

　　在最低性能标准中对抑灭油池火的要求为防止 B 类火再次发生,并非灭火。而本节实验采取的货舱为全尺寸货舱的一部分,油池尺寸也为标准中油池的 1/4,细水雾灭火系统可以将油池火抑灭。故在计算温度-时间曲线积分面积时,选用的分析范围为启动细水雾灭火后 3 min 的温度时间曲线积分面积,计算结果如图 4.2-12 所示。可以发现,由于正庚烷油池火和航空煤油油池火有着不同的火行为规律,故抑灭火过程中细水雾对其的冷却效果规律也不同。在细水雾抑灭正庚烷油池火中,在同一气体流量下,随着液体流量的增加,温度-时间曲线积分面积先减小后增大,且最佳的冷却效果工况与最短灭火时间工况相同;在细水雾抑灭航空煤油油池火中,在同一气体流量下,随着液体流量的增加,温度-时间曲线积分面积逐渐减小。

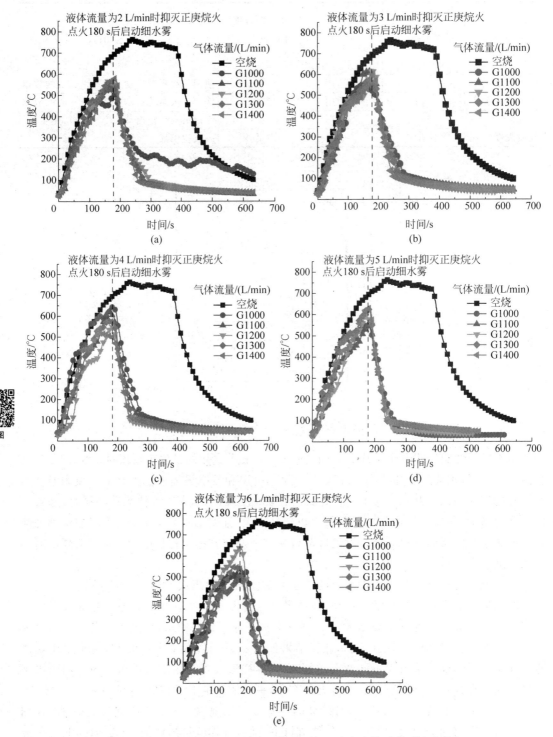

图 4.2-10　抑灭正庚烷油池火时货舱顶棚温度与空烧时的对比曲线

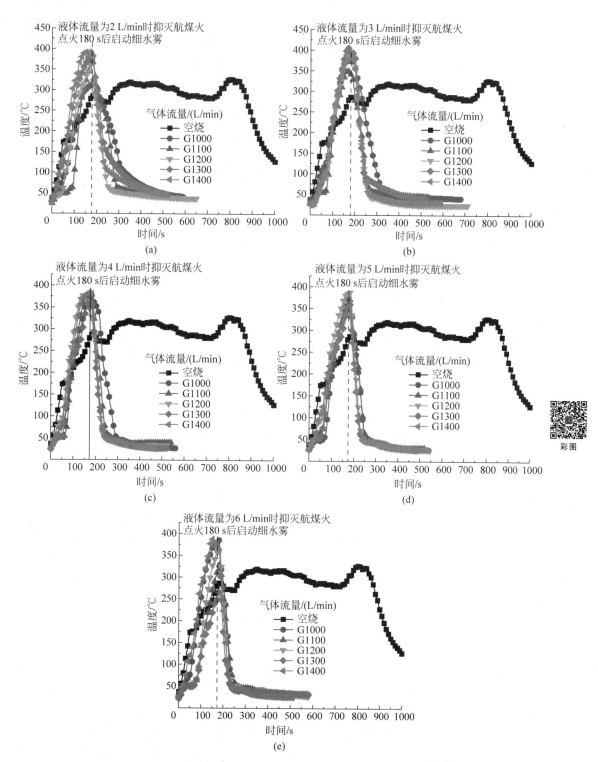

图 4.2-11 抑灭航空煤油油池火时货舱顶棚温度与空烧时的对比曲线

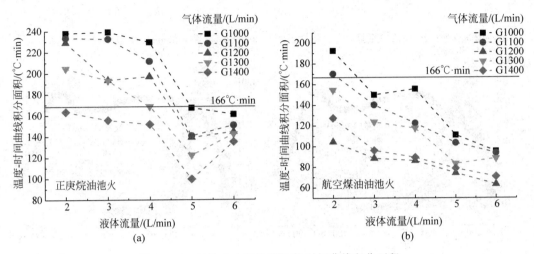

图 4.2-12　油池火火灾场景温度-时间曲线积分面积

2. 热流密度

发生火灾时,辐射是最主要的传热方式,将细水雾灭火系统应用于飞机货舱,其中衰减热辐射也是其作用之一。在使用细水雾抑灭火灾的过程中,通过火焰图像的监控,以气体流量为 1400 L/min、液体流量为 5 L/min 抑灭正庚烷油池火为例,如图 4.2-13 所示,可以发现,在施加细水雾的初期会有短暂的火焰强化现象,火焰突然变明亮且火焰体积膨胀变大。点火后 100 s 左右火焰进入稳定燃烧阶段,点火 180 s 后启动细水雾灭火装置,如图 4.2-13(c)所示。可以发现,在点火后 185 s,即开始施加细水雾 5 s 后,火焰明亮且膨胀,出现火焰强化现象。后续火焰受到细水雾的压制作用,火焰高度变低,宽度变宽,最后熄灭。图 4.2-14和图 4.2-15 分别是各个工况下细水雾抑灭正庚烷和航空煤油油池火时热流密度与空烧时的对比曲线。可以发现,在施加细水雾后热流密度值先急剧增大,随后减小,从数据上验证了火焰强化现象的发生。对比火焰强化时最大的热流密度值,可以发现,在细水雾液体流量不变时,随着气体流量的增加,火焰强化现象发生时的最大热流密度值增大。根据前人的研究,施加细水雾灭火时发生火焰强化现象主要有以下三个原因:①施加细水雾使得空气卷入火焰;②火焰中未完全燃烧的碳黑颗粒与细水雾雾滴发生水煤气反应;③共沸理论,不相溶的液体相混合时,导致蒸汽压偏差,使得液体强烈沸腾,从而强化燃烧。结合本实验工况条件,火焰增强的原因是,施加细水雾时向舱内输入了大量的新鲜空气,火焰区湍流加强,气体流量越大,气相作用力越强,火焰湍流越剧烈。随后持续施加细水雾,细水雾形成热障层,减缓燃油表面蒸发速率,阻止火焰向外扩散,导致热流密度下降。

图 4.2-16(a)和图 4.2-16(b)分别为各个工况下细水雾抑灭正庚烷和航空煤油油池火火焰强化现象发生时最大的热流密度与空烧稳定燃烧阶段热流密度平均值的增强比例柱状图。从图 4.2-16 可以发现,细水雾在抑灭正庚烷和航空煤油油池火时火焰增强现象导致的热流密度突增的主要因素为气体流量的增加。无论是抑灭正庚烷油池火还是航空煤油油池火,在细水雾液体流量不变时,随着气体流量的增加,热流密度增强比例增大,这是由于气体流量越大,进入舱室的新鲜空气越多,使得火焰湍流越剧烈。对比抑灭正庚烷油池火和航空煤油油池火的热流密度增强比例可以发现,在气体流量较小时,抑灭航空煤油油池火时火焰

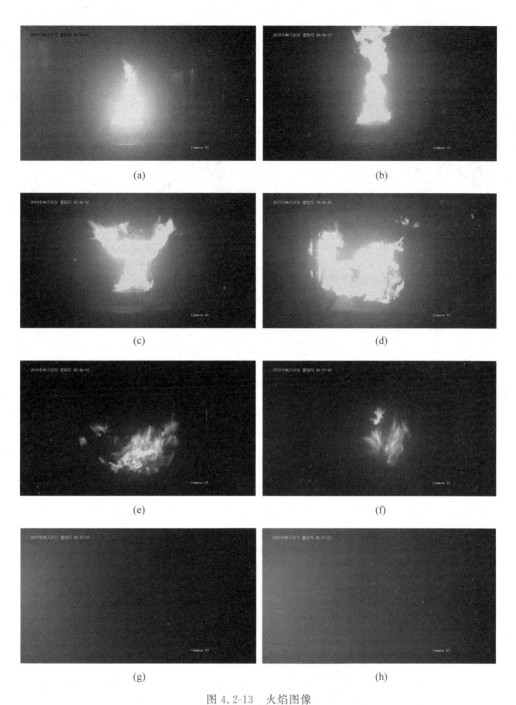

图 4.2-13 火焰图像

（a）点火；（b）点火后 180 s；（c）点火后 185 s；（d）点火后 195 s；

（e）点火后 205 s；（f）点火后 215 s；（g）点火后 225 s；（h）点火后 235 s

强化现象不明显。由于航空煤油火焰形态较低矮，当气体流量较小时火焰强化不明显，当气体流量较大时火焰横向撕裂，火焰强化较强。

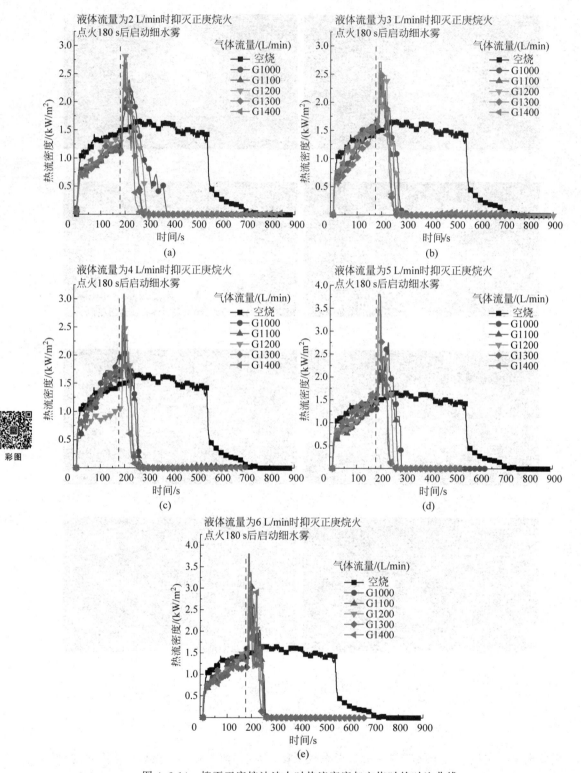

图 4.2-14　抑灭正庚烷油池火时热流密度与空烧时的对比曲线

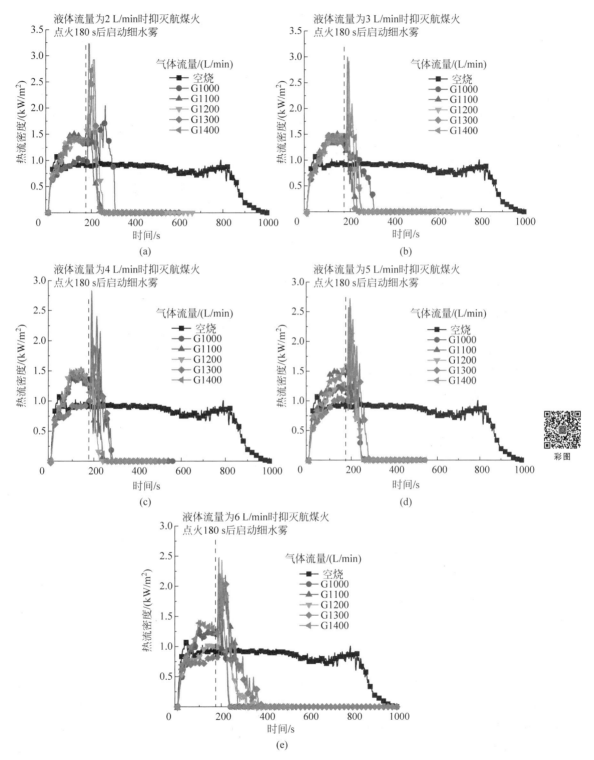

图 4.2-15 抑灭航空煤油油池火时热流密度与空烧时的对比曲线

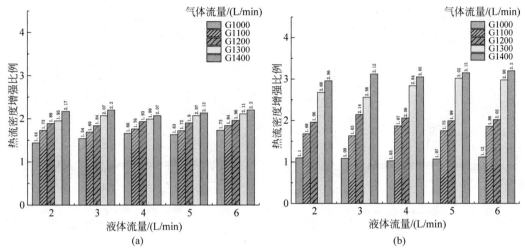

图 4.2-16　在火焰强化时热流密度相对于空烧时的增强比例

（a）抑灭正庚烷油池火；（b）抑灭航空煤油油池火

3. 灭火时间

由于机载灭火系统需要安装在飞机中，需要与飞机其他结构部件相容。细水雾灭火系统的灭火剂是水，与飞机材料相容，不存在腐蚀等问题，满足最低性能标准中对于灭火剂的要求。验证是否满足最低性能标准的要求，应使所测试的灭火系统置于规定的场景内。最低性能标准对灭火系统的防护概要如表 4.2-4 所示。

表 4.2-4　灭火系统防护概要

火 灾 场 景	火 源 状 态	灭 火 形 式
散装货物火	火焰	持续灭火
集装箱火	火焰	持续灭火
油池火	火焰	防止 B 类火灾再次发生
气溶胶爆炸	火焰（长期）	防止爆炸

灭火时间是验证细水雾灭火系统性能的关键指标，灭火时间为施加细水雾开始至火焰熄灭结束的时间。图 4.2-17（a）和图 4.2-17（b）分别为细水雾抑灭正庚烷油池火和航空煤油油池火的平均灭火时间曲线，其中在抑灭航空煤油油池火时，气体流量为 1200～1400 L/min，液体流量为 6 L/min 时，灭火时间超过 3 min，记作灭火失败，故曲线不含此工况下的平均灭火时间。

不同燃料有着不同的火行为规律，故相同细水雾工况下，正庚烷油池火和航空煤油油池火的灭火时间不尽相同。从图 4.2-17（a）和图 4.2-17（b）可以发现，灭火时间总体上随着液体流量的增大而先减小后增大。正庚烷油池火在气体流量为 1400 L/min，液体流量为 5 L/min 时，灭火时间最短，为 32.80 s。航空煤油油池火在气体流量为 1400 L/min，液体流量为 3 L/min 时，灭火时间最短，为 35.18 s。结合之前的这两种工况下的雾滴粒径分析，气体流量为 1400 L/min，液体流量为 3 L/min 时，雾滴粒径为 48.00 μm；气体流量为 1400 L/min，液体流量为 5 L/min 时，雾滴粒径为 86.71 μm。可以看出，两种雾滴粒径并非最小雾滴粒径和最大雾滴粒径，故灭火时间长短与雾滴粒径大小并没有直接联系，某种程度上验证了细水雾抑灭油池火为多种机理的耦合结果。

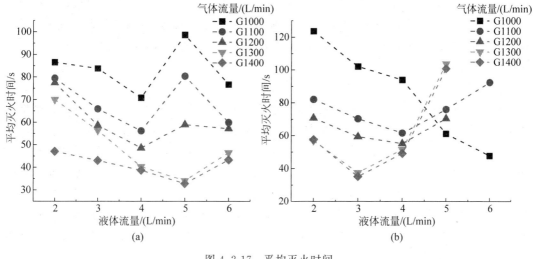

图 4.2-17 平均灭火时间

（a）正庚烷；（b）航空煤油

为了预测一定范围内该细水雾灭火系统的最佳气液比,将最短平均灭火时间工况的气液比与气体流量相拟合,得到下式:

$$y_{正庚烷} = 0.045x + 219 \qquad (4.2-1)$$

$$y_{航煤} = 0.758x - 581 \qquad (4.2-2)$$

其中,y 为最短平均灭火时间时的最佳气液比;x 为细水雾的气体流量,L/min。

图 4.2-18 为正庚烷和航空煤油抑灭火实验的最佳气液比拟合结果。从上述正庚烷公式可以看出,该公式的斜率较小,这说明在细水雾抑灭正庚烷油池火时,最短灭火时间时的最佳气液比变化较小,且雾滴粒径均在 $80 \sim 90 \ \mu m$ 之间。结合正庚烷油池火轴向不同高度处的温度分布,正庚烷油池火底部温度低,火羽流部分温度高,且两部分火焰温度差距较大。由此可以发现,该粒径范围对火焰有着较好的冷却效果。在抑灭正庚烷油池火中,火焰冷却

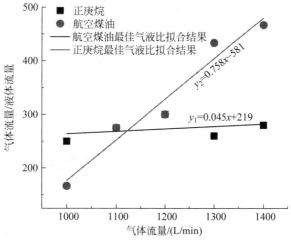

图 4.2-18 最佳气液比拟合结果

为主要灭火机理。而从上述航煤公式可以看出,该公式斜率较大,这说明在细水雾抑灭航空煤油油池火时,最短灭火时间时的最佳气液比变化较大,且雾滴粒径没有明显规律。结合航空煤油油池火轴向不同高度处的温度分布,航空煤油油池火底部温度较高,火羽流部分温度较低,两部分火焰温度差距不大,在抑灭航空煤油油池火过程中需要冷却火焰机理和冷却油面机理共同作用。

4. 烟气分析

在火灾安全的研究中,火灾烟气的分析也是关心的重点问题之一。由于可燃物燃烧会产生大量带有热量的烟气和有毒有害气体,不但威胁周围环境,还对人体有着极大的危害。火灾烟气是导致火灾人员伤亡的重要因素,发生火灾事故时,70%以上的人员死亡是火灾烟气导致的,其中最为常见的是有毒有害气体导致人员中毒或窒息。表 4.2-5 为人体对燃烧产生的有毒气体的耐受极限。同时火焰也会产生大量的烟气,由于烟气会对光产生吸收和散射作用,降低火场的能见度,不利于消防人员进入货舱火场来进行火灾的扑救。因此了解火灾过程中的烟气变化规律,对更好地抑灭火有着重要作用。在本部分研究中,主要关注烟气中 O_2、CO_2 和 CO 的体积分数变化。

表 4.2-5　人体对燃烧产生的有毒气体的耐受极限

气体名称	环境中最大允许体积分数/ppm	致人麻木极限体积分数	致人死亡极限体积分数
O_2	/	14%	6%
CO_2	5000	3%	20%
CO	50	2000 ppm	13000 ppm

图 4.2-19(a)和图 4.2-19(b)分别是正庚烷和航空煤油油池火空烧时的烟气变化曲线。正庚烷和航空煤油在 30 cm×30 cm 方形油池的燃烧时间分别为 397 s 和 825 s。对比图 4.2-19(a)和图 4.2-19(b),可以发现,两种燃料在空烧时各种烟气随时间的变化规律大致相同,但在持续时间和峰值大小方面存在较大差异。燃料点燃后舱体内 O_2 体积分数迅速下降,CO_2 和 CO 体积分数迅速上升。正庚烷在空烧时 O_2 体积分数从 20.9% 降至 13.7%,CO_2 体积分数升高到 4.7%;航空煤油在空烧时 O_2 体积分数从 20.9% 降至 18.9%,CO_2 体积分数升高到 1.1%。正庚烷油池火燃烧生成的 CO 体积分数可以达到 313 ppm,航空煤

彩图

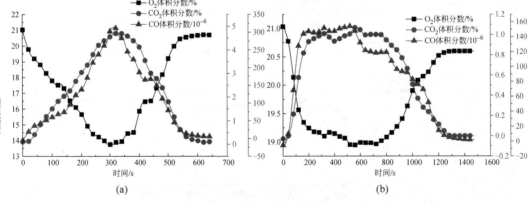

(a)　　　　　　　　　　　　　　(b)

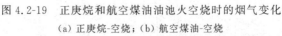

图 4.2-19　正庚烷和航空煤油油池火空烧时的烟气变化
(a) 正庚烷-空烧;(b) 航空煤油-空烧

油油池火燃烧生成的 CO 体积分数可以达到 517 ppm,航空煤油燃烧生成的 CO 体积分数为正庚烷燃烧生成的 CO 体积分数的 165.2%。CO 体积分数的升高说明航空煤油燃烧不充分,这样会产生更多的有毒气体,危害人员的安全。

图 4.2-20(a)和图 4.2-20(b)分别是气体流量为 1200 L/min,液体流量为 4 L/min 时细水雾抑灭正庚烷油池火和航空煤油油池火的烟气体积分数变化曲线。选择此工况条件,是因为在气体流量为 1200 L/min 时无论是正庚烷油池火还是航空煤油油池火,在液体流量为 4 L/min 时均有较好的抑灭火性能。

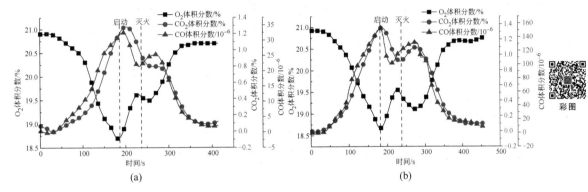

图 4.2-20   细水雾抑灭油池火时烟气变化

(a) 正庚烷;(b) 航空煤油

首先,分析 O_2 体积分数的变化趋势。在抑灭正庚烷油池火过程中,0 s 开始点火,O_2 体积分数从 20.9% 降至 18.7%;180 s 火焰进入稳定燃烧后启动细水雾灭火系统,O_2 体积分数回升至 19.6%;48 s 后火焰熄灭,O_2 体积分数小幅度降至 19.5%;后因实验结束打开舱门,O_2 体积分数恢复至正常水平。在抑灭航空煤油油池火过程中,0 s 开始点火,O_2 体积分数从 20.9% 降至 18.6%;180 s 火焰进入稳定燃烧后启动细水雾灭火系统,O_2 体积分数回升至 19.5%;055 s 后火焰熄灭,O_2 体积分数小幅度降至 19.0%;后因实验结束打开舱门,O_2 体积分数恢复至正常水平。可见无论是抑灭正庚烷油池火还是航空煤油油池火,燃烧初期 O_2 体积分数迅速下降,随着启动细水雾灭火系统,双流体细水雾中气相为进入舱室的大量压缩空气,从而导致 O_2 体积分数小幅回升。由于最后油池火燃烧阶段消耗的 O_2 速率大于进入的,故 O_2 体积分数还会有小幅度下降,直至火焰熄灭。

其次,分析 CO_2 体积分数的变化趋势。在抑灭正庚烷油池火过程中,0 s 开始点火,CO_2 体积分数上升至 1.3%;180 s 火焰进入稳定燃烧后启动细水雾灭火系统,CO_2 体积分数降至 0.9%;48 s 后火焰熄灭,CO_2 体积分数保持不变;后因实验结束打开舱门,CO_2 体积分数恢复至正常水平。在抑灭航空煤油油池火过程中,0 s 开始点火,CO_2 体积分数升至 1.3%;180 s 火焰进入稳定燃烧后启动细水雾灭火系统,CO_2 体积分数降至 0.9%;55 s 后火焰熄灭,CO_2 体积分数保持不变;后因实验结束打开舱门,CO_2 体积分数恢复至正常水平。可见无论是抑灭正庚烷油池火还是航空煤油油池火,由于 CO_2 为燃烧产物,故其体积分数上升较快。在启动细水雾灭火系统后,进入的压缩空气和部分 CO_2 溶于细水雾雾滴,导致 CO_2 体积分数下降,随着火焰的熄灭,CO_2 体积分数稳定在某个值。

最后,分析 CO 体积分数的变化趋势。在抑灭正庚烷油池火过程中,0 s 开始点火,CO

体积分数从初始的 0 升至 32 ppm；180 s 火焰进入稳定燃烧后，启动细水雾灭火系统，CO 体积分数降至 21 ppm；48 s 后火焰熄灭，CO 体积分数小幅回升至 25 ppm，后因实验结束打开舱门，CO 体积分数恢复至正常水平。在抑灭航空煤油油池火过程中，0 s 开始点火，CO 体积分数升至 151 ppm；180 s 火焰进入稳定燃烧后，启动细水雾灭火系统，CO 体积分数降至 101 ppm；55 s 后火焰熄灭，CO 体积分数小幅回升至 131 ppm；后因实验结束打开舱门，CO 体积分数恢复至正常水平。可见无论是抑灭正庚烷油池火还是航空煤油油池火，在燃烧初期均因不完全燃烧产生 CO，CO 体积分数迅速上升。当启动细水雾灭火系统后，细水雾对火焰进行冷却，使得燃料燃烧速率下降，可燃气体的生成量减小，细水雾雾滴受热汽化生成水蒸气，稀释空气中的 CO 气体，正庚烷和航空煤油油池火实验中的 CO 体积分数分别为启动细水雾前的 65.6% 和 66.9%。在抑灭火的过程中由于燃烧反应被抑制，CO 作为不充分燃烧的产物之一，其生成速率会大于细水雾稀释的速率，故其体积分数还会小幅回升，最终火焰熄灭，CO 体积分数稳定在固定值。

5. 机理分析

细水雾在灭火过程中的灭火机理较为多样，它包括了吸热冷却、排氧窒息、衰减热辐射和动力学效果等主要灭火机理。细水雾在灭火过程中常是几种灭火机理共同作用，这就造成了不同火灾场景下细水雾的主导灭火机理会产生变化。为了研究细水雾在货舱环境内抑灭油池火的主导机理，从上文细水雾对油池火热释放速率、温度、热流密度、灭火时间和烟气体积分数的结果分析和讨论可以发现，在细水雾抑灭油池火的整个过程中，细水雾气相为压缩空气，使得细水雾的排氧窒息对抑灭油池火的作用非常微弱，故主要研究细水雾的吸热冷却机理。下面将通过研究细水雾雾滴是否能够通过火焰区来探究在吸热冷却机理中火焰冷却和燃料冷却的主导机理作用。

火焰冷却机理是，当细水雾与火焰区域接触后，细水雾雾滴部分或者完全蒸发；当细水雾雾滴在火焰区域的吸热作用造成火焰温度降到火焰燃烧所需的临界点之下时，火焰就会熄灭。燃料冷却机理是，细水雾在燃料表面吸收大量热，当燃料温度降到燃料的燃点之下时，或者当油面上方燃料体积分数降到可燃物燃烧临界点之下时，火焰会被细水雾熄灭。由于细水雾雾滴粒径较小，在穿过火焰区域时易受热蒸发。在实际研究中对于火焰冷却机理占主导还是燃料冷却机理占主导，主要是通过雾滴是否能够通过火焰区域到达燃料表面来判断的。

为研究雾滴是否能够通过火焰区域，首先需要将雾滴在火焰区域的蒸发速率，通过下式求出：

$$d_w^2 = d_{w0}^2 - k_v t \tag{4.2-3}$$

式中，d_w 和 d_{w0} 分别为到达火焰区域粒径和细水雾雾滴初始粒径，μm；k_v 为蒸发系数，可由下式表示：

$$k_v = \frac{8\lambda}{c_p \rho_1} \ln\left[\frac{c_p(T_\infty - T_b)}{q_v} + 1\right] \tag{4.2-4}$$

其中，λ 为水蒸气导热系数，取 0.025 W/(m·K)；c_p 为水蒸气的比定压热容，取 4.1868 kJ/(kg·K)；ρ_1 为水的密度，取 103 kg/m³；q_v 为细水雾雾滴蒸发的潜热，取 2257.1 kJ/kg；T_∞ 为火焰区的平均温度，K。

根据上述空烧实验得到的数据，正庚烷油池火的火焰区平均温度为 650℃（923.15 K），航空煤油油池火的火焰区域平均温度为 400℃（673.15 K）；T_b 为雾滴蒸发的温度，取 100℃（373.15 K）。将上述数据代入式（4.2-4），可得：细水雾抑灭正庚烷油池火的蒸发系数为 3.36×10^{-7}；细水雾抑灭航空煤油油池火的蒸发系数为 2.11×10^{-7}。根据实验布置，火焰高度约为 1 m，由前文雾滴速度测量已知，雾滴在 1 m 处平均雾滴速度为 5 m/s，雾滴经过 0.2 s 可到达油池表面。将蒸发系数及已知条件代入式（4.2-4），当 d_w 为 0 μm 时，即火焰区域不存在雾滴，求得可穿过正庚烷油池火火焰区域的雾滴粒径为 259 μm，可穿过航空煤油油池火火焰区域的雾滴粒径为 205 μm，该结果与前人的计算结果相近，验证了本节结果的可靠性。由前文雾滴粒径测量已知，在 1 m 处的初始平均粒径仅为 82 μm，雾滴在还未到油池表面时就已经蒸发了，所以在火灾初期民机货舱环境内细水雾不能起到燃料冷却作用，火焰冷却才是主导机理。

由以上分析可以发现，细水雾在抑灭民机货舱油池火的主导机理为：在施加细水雾的初期，由于火焰温度较高，细水雾完全蒸发形成水蒸气，不能到达油池表面对燃料进行冷却，火焰冷却为主要抑灭火机理。但随着燃料蒸发速率的下降，燃烧速率变慢。另外，细水雾雾滴相互碰撞、凝聚使得粒径增大，导致细水雾雾滴不能完全蒸发，细水雾雾滴可以穿越烟气层和火焰到达燃料表面，对燃料进行冷却，细水雾抑灭油池火机理示意图如图 4.2-21 所示。

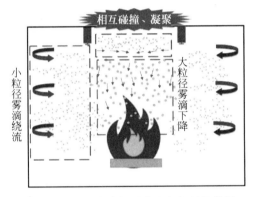

图 4.2-21 细水雾抑灭油池火机理示意图

参 考 文 献

[1] 贺元骅,应炳松,陈现涛,等.大型民用飞机货舱哈龙替代品抑制及灭火系统研究[J].民用飞机设计与研究,2016,123(4)：85-91.

[2] REINHARDT J W. Minimum Performance Standard for Aircraft Cargo Compartment Halon Replacement Fire Suppression Systems (2012 Update)[R]. Federal Aviation Administration,2012.

[3] 刘全义,伊笑莹,吕志豪,等.细水雾灭火有效性研究进展[J].科学技术与工程,2019,19(22)：11-19.

[4] HONG L X,YUAN L,PEI Z,et al. Experimental study on the mitigation via an ultra-fine water mist of methane/coal dust mixture explosions in the presence of obstacles[J]. Journal of Loss Prevention in the Process Industries,2013,26(4)：815-820.

[5] PARKA D J,LEEB Y S,GREEN A R. Experiments on the effects of multiple obstacles in vented explosion chambers[J]. Journal of Hazardous Materials,2008,153(1-2)：340-350.

[6] KIM M B,JANG Y J,YOON M O. Extinction limit of a pool fire with a water mist[J]. Fire Safety Journal,1997,28(4)：295-306.

[7] BILL JR R,HANSEN R L,RICHARDS K. Fine-spray (water mist) protection of shipboard engine rooms[J]. Fire Safety Journal,1997,29(4)：317-336.

[8] NDUBIZU C,ANANTH R,TATEM P,et al. On water mist fire suppression mechanisms in a gaseous diffusion flame[J]. Fire Safety Journal,1998,31(3)：253-276.

[9] NDUBIZU C C,ANANTH R,TATEM P A. The effects of droplet size and injection orientation on water mist suppression of low and high boiling point liquid pool fires[J]. Combustion Science and Technology,2000,157(1)：63-86.

[10] TAUSEEFA S M,RASHTCHIANB D,ABBASI S A. CFD-based simulation of dense gas dispersion in presence of obstacles[J]. Journal of Loss Prevention in the Process Industries,2011,24(3)：371-376.

[11] PRESSERA C,PAPADOPOULOSB G,WIDMANN J F. PIV measurements of water mist transport in a homogeneous turbulent flow past an obstacle[J]. Fire Safety Journal,2006,41(8)：580-604.

[12] 陈聪,刘振.基于多普勒技术的气水喷嘴雾场粒度速度实验研究[J].煤矿安全,2017,48(12)：33-36.

[13] 刘焜,余永刚,赵娜,等.小尺度空间内对撞射流雾化场特性实验研究[J].推进技术,2015,36(4)：595-600.

[14] 刘志斌,全艳时,姚斌,等.工作压力对细水雾雾场特性参数影响的实验研究[J].火灾科学,2014,23(1)：50-55.

[15] 刘江虹,廖光煊,厉培德,等.细水雾灭火技术研究与进展[J].科学通报,2003,48(8)：761-767.

[16] 陶常法,廖光煊,陆嘉,等.细水雾雾强分布及灭火有效性实验研究[J].火灾科学,2010,19(1)：45 50.

[17] 于水军,余明高,郑立刚,等.灭火添加剂对细水雾粒径分布规律的影响[J].中国矿业大学学报,2008,37(4)：503-508.

[18] SHRIGONDEKAR H,CHOWDHURY A,Prabhu S. Characterization of a simplex water mist nozzle and its performance in extinguishing liquid pool fire[J]. Experimental Thermal and Fluid Science,2018,93：441-455.

[19] BALNER D,BARCOVA K. Attenuation of thermal radiation through water mist[J]. Process Safety Progress,2018,37(1)：18-24.

[20] 姚斌,秦俊,廖光煊.三维 LDV/APV 系统测量大尺度雾场的硬件布局参数及应用[J].中国科学技

术大学学报,1997,27(4):99-104.

[21] LIU J,LIAO G,LI P,et al. Progress in research and application of water mist fire suppression technology[J]. Chinese Science Bulletin,2003,48(8):718-725.

[22] CARRIERE T,BUTZ J,NAHA S,et al. Fire suppression tests using a handheld water mist extinguisher designed for the International space station[C]. 42nd international conference on environmental systems,2012.

[23] 陶波.低压双流体细水雾雾动量特性及其灭火效能研究[D].广汉:中国民用航空飞行学院,2022.

[24] 吕志豪.民机货舱细水雾雾场特性及抑灭火有效性研究[D].广汉:中国民用航空飞行学院,2020.

[25] CHEN B,LU S,LI C,et al. Unsteady burning of thin-layer pool fires[J]. Journal of Fire Sciences,2011,30(1):3-15.

[26] LI Y,HUANG H,ZHANG J,et al. Large-scale experimental study on the spread and burning behavior of continuous liquid fuel spill fires on water[J]. Journal of Fire Sciences,2014,32(5):391-405.

[27] LI Y,HUANG H,WANG Z,et al. An experimental and modeling study of continuous liquid fuel spill fires on water[J]. Journal of Loss Prevention in the Process Industries,2015,33:250-257.

[28] CHATRIS J M,QUINTELA J,FOLCH J,et al. Experimental study of burning rate in hydrocarbon pool fires[J]. Combustion and Flame,2001,126(1):1373-1383.

[29] MCCAFFREY B J. Purely buoyant diffusion flames:Some experimental results[M]. National Bureau of Standards,Washington,D.C.,1979.

[30] HAMINS A P,FISCHER S J,KASHIWAGI T,et al. Heat feedback to the fuel surface in pool fires[J]. Combustion Science and Technology,1994,97(1):37-62.

[31] HAMINS A,KASHIWAGI T,BUCH R R. Characteristics of pool fire burning[M]. American Society for Testing and Materials,1995.

[32] BABRAUSKAS V. Estimating large pool fire burning rates[J]. Fire Technology,1983,19(4):251-261.

[33] ZUKOSKI E E,CETEGEN B M,KUBOTA T. Visible structure of buoyant diffusion flames[J]. Symposium (International) on Combustion,1985,20(1):361-366.

[34] HESKESTAD G. Peak gas velocities and flame heights of buoyancy-controlled turbulent diffusion flames[J]. Symposium (International) on Combustion,1981,18(1):951-960.

[35] 万灏,王一诺.经典羽流模型分析[J].消防科学与技术,2018,37(9):1201-1203.

[36] 袁理明,范维澄.大空间建筑火灾中热烟气层发展规律的理论分析[J].自然灾害学报,1998(1):23-28.

[37] 林树宝,方俊,王静舞,等.外界风对射流扩散火焰图像特征的影响[J].燃烧科学与技术,2015,21(3):274-279.

[38] 陈志斌,胡隆华,霍然,等.基于图像相关性提取的火焰振荡频率[J].燃烧科学与技术,2008(4):367-371.

[39] 亓文杰,王亚慧,郭晓冉.大空间图像型火焰检测方法研究[J].现代电子技术,2019,42(4):76-84.

[40] CETEGEN B M,ZUKOSKI E E,KUBOTA T. Entrainment in the near and far field of fire plumes[J]. Combustion Science and Technology,2007,39(1-6):305-331.

[41] HU L,LIU S,WU L. Flame radiation feedback to fuel surface in medium ethanol and heptane pool fires with cross air flow[J]. Combustion and Flame,2013,160(2):295-306.

[42] OKA Y,IMAZEKI O,SUGAWA O. Temperature profile of ceiling jet flow along an inclined unconfined ceiling[J]. Fire Safety Journal,2010,45(4):221-227.

[43] OKA Y,IMAZEKI O. Temperature and velocity distributions of a ceiling jet along an inclined ceiling-Part 1:Approximation with exponential function[J]. Fire Safety Journal,2014,65:41-52.

[44] OKA Y,KAKAE N,IMAZEKI O,et al. Temperature Property of Ceiling Jet in an Inclined Tunnel [J]. Procedia Engineering,2013,62: 234-241.

[45] HU L H,CHEN L F,WU L,et al. An experimental investigation and correlation on buoyant gas temperature below ceiling in a slopping tunnel fire[J]. Applied Thermal Engineering,2013,51(s 1-2): 246-254.

[46] ZHANG X,GUO Z,TAO H,et al. Maximum temperature of thermal plume beneath an unconfined ceiling with different inclination angles induced by rectangular fire sources[J]. Applied Thermal Engineering,2017,120: 239-246.

[47] WAN H,GAO Z,JI J,et al. Experimental study on ceiling gas temperature and flame performances of two buoyancy-controlled propane burners located in a tunnel[J]. Applied Energy,2016,185: 573-581.

[48] TANG F,HE Q,CHEN L,et al. Experimental study on maximum smoke temperature beneath the ceiling induced by carriage fire in a tunnel with ceiling smoke extraction[J]. Sustainable Cities and Society,2019,44: 40-45.

[49] TANG F,CAO Z,PALACIOS A,et al. A study on the maximum temperature of ceiling jet induced by rectangular-source fires in a tunnel using ceiling smoke extraction[J]. International Journal of Thermal Sciences,2018,127: 329-334.

[50] TANG F, HE Q, MEI F, et al. Fire-induced temperature distribution beneath ceiling and air entrainment coefficient characteristics in a tunnel with point extraction system[J]. International Journal of Thermal Sciences,2018,134: 363-369.

[51] GAO Z H,JI J, FAN C G, et al. Influence of sidewall restriction on the maximum ceiling gas temperature of buoyancy-driven thermal flow[J]. Energy and Buildings,2014,84: 13-20.

[52] JI J,FAN C G,ZHONG W,et al. Experimental investigation on influence of different transverse fire locations on maximum smoke temperature under the tunnel ceiling[J]. International Journal of Heat and Mass Transfer,2012,55(17-18): 4817-4826.

[53] ZHANG X, HU L, SUN X. Temperature profile of thermal flow underneath an inclined ceiling induced by a wall-attached fire[J]. International Journal of Thermal Sciences,2019,141: 133-140.

[54] HU L H,HUO R,PENG W,et al. On the maximum smoke temperature under the ceiling in tunnel fires[J]. Tunnelling and Underground Space Technology,2006,21(6): 650-655.

[55] CHEN C,XIAO H,WANG N,et al. Experimental investigation of pool fire behavior to different tunnel-end ventilation opening areas by sealing[J]. Tunnelling and Underground Space Technology, 2017,63: 106-117.

[56] JI J,WANG Z,DING L,et al. Effects of ambient pressure on smoke movement and temperature distribution in inclined tunnel fires[J]. International Journal of Thermal Sciences,2019,145: 106006.

[57] 王坚. 不同环境压力对细水雾抑火性能影响的实验研究[D]. 北京：清华大学,2017.

[58] 冯瑞. 低气压环境下固体燃料热解及燃烧特性实验及理论研究[D]. 北京：清华大学,2018.

[59] 李聪. 飞机货舱环境中的池火燃烧特性研究[D]. 北京：清华大学,2019.

[60] BLEVINS L G,PITTS W M. Modeling of bare and aspirated thermocouples in compartment fires [J]. Fire safety Journal,1999,33(4): 239-259.

[61] BROHEZ S,DELVOSALLE C,MARLAIR G. A two-thermocouples probe for radiation corrections of measured temperatures in compartment fires[J]. Fire Safety Journal,2004,39(5): 399-411.

[62] ZHOU K, QIAN J, LIU N, et al. Validity evaluation on temperature correction methods by thermocouples with different bead diameters and application of corrected temperature[J]. International Journal of Thermal Sciences,2018,125: 305-312.

[63] CHEN J,ZHANG X,ZHAO Y,et al. Oxygen concentration effects on the burning behavior of small

scale pool fires[J]. Fuel,2019,247：378-385.

[64]　黎昌海. 船舶封闭空间池火行为实验研究[D]. 合肥：中国科学技术大学,2010.

[65]　张佳庆. 考虑开口与火源位置影响的船舶封闭空间火灾动力学特性模拟研究[D]. 合肥：中国科学技术大学,2014.

[66]　何其泽. 顶部开口控制的腔室特殊火灾现象及其临界条件研究[D]. 合肥：中国科学技术大学,2016.

[67]　QUINTIERE J G. Fire behavior in building compartments[J]. Proceedings of the Combustion Institute,2002,29(1)：181-193.

[68]　QUINTIERE J G. An approach to Modeling Wall Fire Spread in a Room[J]. Fire Safety Journal. 1981,3：201-204.

[69]　YOU H Z,FAETH G M. Ceiling heat transfer during fire plume and fire impingement[J]. Fire and Materials,1979,3(3)：140-147.

[70]　GAO Z H,LIU Z X,WAN H X,et al. Experimental study on longitudinal and transverse temperature distribution of sidewall confined ceiling jet plume[J]. Applied Thermal Engineering,2016,107：583-590.

[71]　LIU J,CHEN M,LIN X,et al. Impacts of ceiling height on the combustion behaviors of pool fires beneath a ceiling[J]. Journal of Thermal Analysis and Calorimetry,2016,126(2)：881-889.

[72]　CONSALVI J L. Influence of turbulence-radiation interactions in laboratory-scale methane pool fires [J]. International Journal of Thermal Sciences,2012,60：122-130.

[73]　BOITEUX H,MAVRODINEANU R. Flame spectroscopy[M]. New York,John Wiley and Sons, Inc.,1965.

[74]　LI Z,LIU N,ZHANG S,et al. Experimental Study on Radiation Blockage of Small-Scale Vertical PMMA Fires[J]. Fire Science and Technology,2017：661-666.

[75]　JIANG F,DE RIS J L,Qi H,et al. Radiation blockage in small scale PMMA combustion[J]. Proceedings of the Combustion Institute,2011,33(2)：2657-2664.

[76]　ZHANG X,TAO H,XU W,et al. Flame extension lengths beneath an inclined ceiling induced by rectangular-source fires[J]. Combustion and Flame,2017,176：349-357.

[77]　KUANG H C,SPAULDING R D,STAVRIANIDIS P. Fire induced flow under a sloped ceiling[J]. Fire Safety Science,1991,3：271-280.

[78]　ZHAO J,HUANG H,WANG H,et al. Experimental study on burning behaviors and thermal radiative penetration of thin-layer burning[J]. Journal of Thermal Analysis and Calorimetry,2017, 130(2)：1153-1162.

[79]　SHINTANI Y,NAGAOKA T,DEGUCHI Y,et al. Simple method to predict downward heat flux from flame to floor Fire Science[J]. Technology,2014,33 (1)：17-34.

[80]　WAN H,GAO Z,JI J,et al. Predicting heat fluxes received by horizontal targets from two buoyant turbulent diffusion flames of propane burning in still air[J]. Combustion and Flame,2018,190：260-269.

[81]　FLEURY R. Evaluation of thermal radiation models for fire spread between objects[D]. Yamanashi-ken：Tsuru University,2010.

[82]　SHOKRI M,BEYLER C L. Radiation from large pool fires[J]. Journal of Fire Protection Engineering,1989,1(4)：141-149.

[83]　MUÒOZ,M,ARNALDOS J,CASAL J,et al. Analysis of the geometric and radiative characteristics of hydrocarbon pool fires[J]. Combust Flame,2004,139(3),263-277.

[84]　周志辉. 低气压环境对池火火行为及羽流特性的影响机理研究[D]. 合肥：中国科学技术大学,2017.

[85] HANKINSON G，LOWESMITH B J. A consideration of methods of determining the radiative characteristics of jet fires[J]. Combust Flame，2012，159(3)，1165-1177.

[86] HESKESTAD G. Luminous heights of turbulent diffusion flames[J]. Fire Safety Journal，1983，5 (2)：103-108.

[87] HESKESTAD G. Turbulent jet diffusion flames：consolidation of flame height data[J]. Combustion and Flame，1999，118(1-2)：51-60.

[88] HOWELL J R，SIEGEL R，PINAR MENGÜÇ M. Thermal Radiation Heat Transfer［M］. Washington New York：Hemisphere Pub. Corp. 2010.

[89] BACK G，BEYLER C L，DINENNO P，et al. Wall Incident Heat Flux Distributions Resulting From An Adjacent Fire[J]. Fire Safety Science，1994，4：241-252.

[90] MODAK A T. Thermal radiation from pool fires[J]. Combustion and Flame，1977，29：177-192.

[91] QUINTIERE J G. Fundamentals of Fire Phenomena[M]. United Kingdom：John Wiley and Sons，2006.

[92] CORNER，ISOROOM. International Standard-fire tests full scale room test fir surface products：ISO 9705：1993[Z]. Geneva，Switzerland：International Organization for Standardization，1993.

[93] SHINOTAKE A，KODA S，AKITA K. An Experimental Study of Radiative Properties of Pool Fires Of An Intermediate Scale[J]. Combustion Science and Technology，1985，43(1-2)：85-97.

[94] WEBSTER H. The aircraft hazards of flammable gasses produced by lithium battery in thermal runaway[R]. Atlantic city Federal Aviation Administration Fire Safety，2015.

[95] GOLUBKOV A W. Transport of Lithium Batteries as Cargo Via Air-Update on Recent Activity[R]. Atlantic city，NJ. International Coordinating Council of Aerospace Industries Associations. 2015.

[96] MA Q J，LIU Q Y，ZHANG H，et al. Experimental study of the mass burning rate in n-Heltane pool fire under dynamic pressure [J]. Applied Thermal Engineering，2017，113：1004-1010.

[97] 孙强. 低压环境对锂电池热灾害扩展特性影响研究[D]. 广汉：中国民用航空飞行学院，2018.

[98] HULL T R，PAUL K T. Bench-scale assessment of combustion toxicity—A critical analysis of current protocols[J]. Fire Safety Journal，2007，42(5)：340-365.

[99] 李振华. 西藏高原低压低氧条件下可燃物燃烧特性和烟气特性研究[D]. 合肥：中国科学技术大学，2009.

[100] PURSER D A. Toxic product yields and hazard assessment for fully enclosed design fires[J]. Polymer International，2000，49(10)：1232-1255.

[101] 刘军军，李凤，兰彬，等. 火灾烟气毒性研究的进展[J]. 消防科学与技术，2005，24(6)：674-678.

[102] GANN R G，AVERILL J D，BUTLER K M，et al. International study of the sublethal effects of fire smoke on survivability and health（SEFS）：Phase I final report[M]. Washington，D. C.：National Institute of Standards and Technology，2001.

[103] 郄军芳. 辐射方向和海拔高度对固体可燃物热解及着火特性影响的实验研究[D]. 合肥：中国科学技术大学，2011.

[104] LAUTENBERGER C，TORERO J，FERNANDEZ-PELLO C，et al. Understanding materials flammability[J]. Flammability Testing of Materials Used in Construction Transport ﹠ Mining，2006：1-21.

[105] BOONMEE N，QUINTIERE J G. Glowing and flaming autoignition of wood[J]. Proceedings of the Combustion Institute，2002，29(1)：289-296.

[106] DELICHATSIOS M A. Ignition times for thermally thick and intermediate conditions in flat and cylindrical geometries[J]. Fire Safety Science，2000，6：233-244.

[107] TORERO J. Flaming ignition of solid fuels[M]. SFPE Handbook of Fire Protection Engineering. New York：Springer，2016.

[108] 孙中正. 不同压力对旅客典型行李火行为影响研究[D]. 广汉：中国民用航空飞行学院，2020.

[109] 黄松.低压条件下飞机典型内饰材料燃烧特性研究[D].广汉:中国民用航空飞行学院,2019.

[110] 韩松兴.舱内材料的烟密度试验[J].民用飞机设计与研究,2002(3):37-42.

[111] 方伟峰,杨立中.可燃材料烟气毒性及其在火灾危险性评估中的作用[J].自然科学进展,2002,12(3):245-249.

[112] 赵冰冰.常见纺织纤维热分解烟气产物研究[D].北京:北京服装学院,2017.

[113] 姚嘉杰.低压条件下的典型可燃物燃烧特性的实验研究[D].合肥:中国科学技术大学,2016.

[114] 朱平,隋淑英,王炳,等.阻燃及未阻燃棉织物的热裂解[J].纺织学报,2002(6):32-34,37.

[115] 舒中俊,徐晓楠,杨守生,等.基于锥形量热仪试验的聚合物材料火灾危险评价研究[J].高分子通报,2006,(5):37-44,78.

[116] 姜仲苏.高速列车涤纶、涤棉内饰材料阻燃整理[D].上海:东华大学,2008.

[117] 卫巍.长大公路隧道火灾烟气数值模拟及逃生研究[D].西安:长安大学,2008.

[118] 杨满江.高原环境下压力影响气体燃烧特征和烟气特性的实验与模拟研究[D].合肥:中国科学技术大学,2011.

[119] 杨瑞波.矿山井巷火灾时期烟气毒性评价及其流动时变规律研究[D].长沙:中南大学,2010.

[120] 牛奕.低压低氧环境下纸箱堆垛火的实验和数值模拟研究[D].合肥:中国科学技术大学,2013.

[121] JOO H I, GULDER O L. Soot formation and temperature field structure in co-flow laminar methane-air diffusion flames at pressures from 10 to 60 atm[J]. Proceedings of the combustion institute,2009,32(1):769-775.

[122] 陈潇.表面朝向对典型固体可燃物着火特性及侧向火蔓延的影响研究[D].合肥:中国科学技术大学,2016.

[123] FERNANDEZ-PELLO A, HIRANO T. Controlling mechanisms of flame spread[J]. Combustion Science and Technology,1983,32(1-4):1-31.

[124] BHATTACHARJEE S, WEST J, ALTENKIRCH R A. Determination of the spread rate in opposed-flow flame spread over thick solid fuels in the thermal regime[J]. Symposium (International) on Combustion,1996,26(1):1477-1485.

[125] SHI L, CHEW M Y L. A review of fire processes modeling of combustible materials under external heat flux[J]. Fuel,2013,106:30-50.

[126] 康茹雪.环境压力对非碳化黑色 ABS 热解、着火性能及 CO 释放影响研究[D].合肥:中国科学技术大学,2017.

[127] FERERES S, LAUTENBERGER C, FERNANDEZ-PELLO C, et al. Mass flux at ignition in reduced pressure environments[J]. Combustion and Flame,2011,158(7):1301-1306.

[128] YANG L, CHEN X, ZHOU X, et al. The pyrolysis and ignition of charring materials under an external heat flux[J]. Combustion and Flame,2003,133(4):407-413.

[129] MCALLISTER S, FERNANDEZ-PELLO C, URBAN D, et al. Piloted ignition delay of PMMA in space exploration atmospheres[J]. Proceedings of the Combustion Institute,2009,32(2):2453-2459.

[130] 黄金磊.不同倾斜角度下薄型可燃物顺流火蔓延特性实验研究[D].徐州:中国矿业大学,2017.

[131] 刘义祥,王启立.几种固体可燃物燃烧烟尘微观形貌特征研究[J].武警学院学报,2013(6):91-93.

[132] KANURY A M. Modeling of Pool Fires with a Variety of Polymers [J]. Symposium on Combustion,1975,15(1):193-202.

[133] ALPERT R L. Pressure Modeling of Fires Controlled by Radiation [J]. Symposium on Combustion,1977,16(1):1489-1500.

[134] RIS J L D, WU P K, HESKESTAD G, et al. Radiation Fire Modeling[J]. Proceedings of the Combustion Institute,2000,28(2):2751-2759.

[135] 孔文俊,吐尔逊·艾力江,王伟刚,等.不同重力环境下辐射加热材料表面着火特性分析[J].工程热物理学报,2002,23(1):111-114.

[136] MA X,TU R,DING C,et al. Thermal and Fire Risk Analysis of Low Pressure on Building Energy Conservation Material Flexible Polyurethane with Various Inclined Facade Constructions[J]. Construction and Building Materials,2018(167):449-456.

[137] 刘应书,杨雄,沈民,等.低气压富氧环境对薄壁材料火焰传播速度的影响[J].燃烧科学与技术, 2010,16(3):199-203.

[138] DAI J,YANG L,ZHOU X,et al. Experimental and Modeling Study of Atmospheric Pressure Effects on Ignition of Pine Wood at Different Altitudes[J]. Energy & Fuels,2010,24(1):609-615.

[139] MEINIER R,SONNIER R,ZAVALETA P,et al. Fire Behavior of Halogen-Free Flame Retardant Electrical Cables with the Cone Calorimeter[J]. Hazard Mater,2018(342):306-316.

[140] TAVARES A C,GULMINE J V,LEPIENSKI C M,et al. The Effect of Accelerated Aging on the Surface Mechanical Properties of Polyethylene[J]. Polym. Degrad. Stab. ,2003,81(2):367-373.

[141] ZAVALETA P,CHARBAUT S,BASSO G,et al. Multiple Horizontal Cable Tray Fire in Open Atmosphere[C]. Thirteenth International Conference of the Fire and Materials,San Francisco, USA,2013.

[142] COURTY L,GARO J. External Heating of Electrical Cables and Autoignition Investigation[J]. Hazard Mater,2017(321):528-536.

[143] ZAVALETA P,AUDOUIN L. Cable Tray Fire Tests in a Confined and Mechanically Ventilated Facility[J]. Fire and Materials,2018,42(1):28-43.

[144] FONTAINE G,NGOHANG F,BOURBIGOT S. Investigation of the Contribution to Fire of Electrical Cable by a Revisited Mass Loss Cone[J]. Fire Sci Technol,2017:687-693.

[145] QUENNEHEN P,ROYAUD I,SEYTRE G,et al. Determination of the Aging Mechanism of Single Core Cables with PVC Insulation[J]. Polymer Degradation and Stability,2015(119):96-104.

[146] CHEN M,YUEN R K K,WANG J. An Experimental Study about the Effect of Arrangement on the Fire Behaviors of Lithium-Ion Batteries[J]. Journal of Thermal Analysis and Calorimetry,2017, 129(1):181-188.

[147] WEI R,HE Y,ZHANG Z,et al. Effect of Different Humectants on the Thermal Stability and Fire Hazard of Nitrocellulose[J]. Journal of Thermal Analysis and Calorimetry,2018(1):1-17.

[148] MILJKOVIC N,ENRIGHT R,NAM Y,et al. Jumping-droplet-enhanced condensation on scalable super hydrophobic nano structured surfaces[J]. Nano Letters,2013,13(1):179-187.

[149] KIM M K,CHA H,BIRBARAH P,et al. Enhanced jumping-droplet departure[J]. Langmuir,2015, 31(49):13452-13466.

[150] YAN X,ZHANG L,SETT S,et al. Droplet jumping:effects of droplet size,surface structure, pinning,and liquid properties[J]. ACS Nano,2019,13:1309-1323.

[151] CHAVAN S,CHA H,OREJON D,et al. Heat transfer through a condensate droplet on hydrophobic and nano structured super hydrophobic surfaces[J]. Langmuir,2016,32:7774-7787.

[152] MOON J H,KIM D Y,LEE S H. Spreading and receding characteristics of a non-Newtonian droplet impinging on a heated surface[J]. Experimental Thermal and Fluid Science,2014,57:94-101.

[153] BARTOLO D,JOSSERAND C,BONN D. Retraction dynamics of aquous drops upon impact on non-wetting surfaces[J]. Journal of Fluid Mechanics,2005,545:329-338.

[154] FEUILLEBOIS F,LASEK A,CREISMEAS P,et al. Freezing of a subcooled liquid droplet[J]. Journal of Colloid and Interface Science,1995,169(1):90-102.

[155] FLETCHER N H. Size effect in heterogeneous nucleation[J]. The Journal of Chemical Physics, 1958,29(3):572-576.

[156] ZHANG H,WANG X Y,ZHENG L L,et al. Numerical simulation of nucleation,solidification,and microstructure formation in thermal spraying[J]. International Journal of Heat and Mass Transfer,

2004,47(10-11)：2191-2203.

[157] DESHPANDE S S,ANUMOLU L,TRUJILLO M F. Evaluating the performance of the two-phase flow solver interFoam[J]. Computational Science & Discovery,2012,5(1).

[158] BAKHSHI A,GANJI D D,GORJI M. Deformation and breakup of an axisymmetric falling drop under constant body force[J]. International Journal of Partial Differential Equations and Applications, 2015,3(1)：1-6.

[159] RÖSLER F,BRÜGGEMANN D. Shell-and-tube type latent heat thermal energy storage：numerical analysis and comparison with experiment[J]s. Heat and Mass Transfer,2011,47(8)：1027-1033.

[160] MYERS T G,THOMPSON C P. Modeling the flow of water on aircraft in icing conditions[J]. AIAA Journal,1998,36(6)：1010-1013.